煤矿工人工作压力结构、传播规律及其对不安全行为的影响研究

邸鸿喜　李红霞　著

西安电子科技大学出版社

内 容 简 介

本书在调研煤矿工人工作压力现状的基础上，对煤矿工人工作压力这一概念及其结构进行明确界定，分析工作压力对不安全行为的作用机制，基于扎根理论进行了研究总体设计，构建了工作压力传播模型，旨在通过研究煤矿工人工作压力的构成和传播机制，明确其对不安全行为的影响，对工作压力传播模型与负性情绪、不安全行为、组织差错反感氛围间的关系进行了仿真研究，并通过心率变异性这一指标进行了压力识别实验，最终提出了干预煤矿工人工作压力的多个策略，从而为防治不安全行为及预防事故的发生提供依据和参考。

本书可以作为高等学校相关专业的本科生和研究生的参考用书，也可以作为相关企业管理人员进行企业员工压力管理的参考用书。

图书在版编目（CIP）数据

煤矿工人工作压力结构、传播规律及其对不安全行为的影响研究 / 邸鸿喜，李红霞著.—西安：西安电子科技大学出版社，2023.5
ISBN 978-7-5606-6829-1

Ⅰ. ①煤… Ⅱ. ①邸… ②李… Ⅲ. ①煤矿—矿工—工作状态—安全行为—研究 Ⅳ. ①TD7

中国国家版本馆 CIP 数据核字(2023)第 053937 号

策 　 划 　邵汉平
责任编辑 　邵汉平
出版发行 　西安电子科技大学出版社(西安市太白南路 2 号)
电 　 话 　(029)88242885　88201467　　　邮 　 编 　710071
网 　 址 　www.xduph.com　　　　电子邮箱 　xdupfxb001@163.com
经 　 销 　新华书店
印刷单位 　陕西天意印务有限责任公司
版 　 次 　2023 年 5 月第 1 版　　2023 年 5 月第 1 次印刷
开 　 本 　787 毫米×960 毫米　　1/16　印 　 张 　11.25
字 　 数 　193 千字
印 　 数 　1～1000 册
定 　 价 　36.00 元
ISBN 978-7-5606-6829-1 / TD

XDUP 7131001-1
如有印装问题可调换

前　　言

　　越来越多的研究和案例表明，工作压力与事故的发生存在着千丝万缕的联系。随着煤矿生产技术的不断发展和机械装备自动化水平的飞速提高，煤矿生产对煤矿工人的生产技能要求越来越高。在煤矿生产过程中，绝大多数工人都从事井下生产作业，存在很多容易引起工作压力的因素，如井下工作环境较差、危险性大、安全生产责任较重等。过大的工作压力会对工人个体产生消极影响，在一定程度上也会导致不安全行为的产生，进而造成安全事故。

　　本书共 8 章，各章的主要内容如下：

　　第 1、2 章是理论研究部分，主要对压力传播的研究背景、研究现状、研究理论、研究模型进行了介绍。

　　第 3 章首先运用扎根理论，对煤矿工人工作压力的结构进行了系统分析，界定了煤矿工人工作压力的概念，提出了煤矿工人工作压力的 6 个维度，即工作环境压力维度、岗位责任压力维度、人际关系压力维度、职业发展压力维度、家庭环境压力维度和组织体制压力维度，并进一步采用问卷调研与实证检验方法对煤矿工人工作压力的 6 个维度进行了探索性因子分析和验证性因子分析，从理论和实证两个方面进一步确定了煤矿工人工作压力的结构模型。

　　第 4 章根据煤矿工人工作压力在基层单位的传播情况，构建了基于煤矿工人工作情景的煤矿工人工作压力传播模型，运用传播动力学技术、NetLogo仿真软件模拟了煤矿工人在工作过程中的压力传播情况，将煤矿工人工作压力传播状态分为 4 种，即易传播压力状态、主动传播状态、被动传播状态和压力传播免疫状态，并通过研究四种状态之间的转化规律，进一步明确了煤矿工人工作压力的传播—发展规律，在此基础上提出了基于熟人免疫策略的煤矿工人工作压力干预策略。

　　第 5 章应用跨层次实证研究方法，研究了工作压力对煤矿工人不安全行为的作用机制。首先，采用 SPSS22.0 软件对相关数据进行了信效度分析，进行了各个变量在人口学变量上的差异性检验，并采用结构方程模型技术对相关变量进行了验证性因子分析，在前期数据处理的基础上进行了实证检验，结果表明：工作压力与煤矿工人不安全行为显著正相关；其次，采用分层回归的方法分别验证了负性情绪在工作压力和煤矿工人不安全行为之间的中介效应，组织差错反感氛围在负性情绪和不安全行为之间的调节效应，以及负性情绪和组织差错反感氛围在工作压力与不安全行为之间有调节的中介作用。

第 6 章应用相关生理信号识别技术进行了基于心率变异性(HRV)的煤矿工人工作压力识别研究；通过压力识别实验，对煤矿工人在面临不同级别的压力时的心率变异性信号进行了分析处理，提出了基于心率变异性的压力识别方法，在此基础上进一步提出了以行为引导和环境改善为主要研究视角的煤矿工人工作压力干预策略。

第 7、8 章根据以上研究工作系统分析了煤矿工人工作压力的概念和结构，在研究工作压力传播规律的基础上深入拓展了煤矿工人工作压力对不安全行为影响的理论与研究方法，有针对性地提出了煤矿工人工作压力干预对策。这有利于提升煤矿企业对煤矿工人工作压力的认识层次和管理水平，拓展安全管理的研究方法，对煤矿安全管理、事故预防有着重要的理论和实践意义。

本书得到了西安科技大学能源经济与管理研究中心基地项目支持，并获得了国家自然科学基金面上项目"中国情境下煤矿工人不安全行为多层次理论模型构建与度量研究(71271169)"、陕西省教育厅专项"煤矿工人工作压力结构、传播规律及其对不安全行为的影响研究(18JK0487)"、西安科技大学哲学社会科学繁荣发展计划"煤矿一线工人心理负荷与不安全行为的关系研究(2018SY08)"、西安科技大学哲学社会科学繁荣发展计划(校 20180014)、西安科技大学博士启动金项目"基于跨层次理论的煤矿工人工作压力对不安全行为作用机制研究(2017QDJ050)"、陕西省社科基金应急管理课题"省域、市域、重点行业领域安全水平评价方法(20YJ-19)"、国家社科基金西部计划"煤矿重大灾害隐蔽致灾因素风险识别、预警及应急管理研究(U1904210)"、国家自然基金面上项目"煤矿工人群体中非正式组织形成演化规律及对不安全行为作用机理研究(52074214)"等的支持。

李红霞教授对全书进行了技术指导与规划，并撰写了本书的第 1 章 1.1 节，以及第 2 章 2.1 节，其余章节均由邸鸿喜撰写。

由于作者水平有限，书中不足之处在所难免，敬请各位读者批评指正。

作 者
2022 年 9 月

目　　录

第1章 绪 论

1.1 研究背景及意义

1.1.1 研究背景

在文化高度繁荣、经济飞速发展的今天,工作压力作为一种常见的主观感受普遍存在于各个行业的从业人群中。工作压力一般是由于从业者对于自身能力与需求达不到平衡而产生的压抑感。相关研究表明,工作压力可以导致人们生理、心理和行为的改变,对个体造成巨大的影响。

煤矿开采是我国经济的支柱产业之一,煤矿工人为我国的发展作出了巨大的贡献。但由于工作环境较差、从业者文化水平较低、社会地位低、常年在矿区工作,煤矿工人通常面临巨大的工作压力。

国内外研究表明:在社会生产工作中,80%以上的事故都是因为人为疏忽或不正确、不安全的操作行为导致的,降低事故发生概率的最有效手段就是控制从业者的不安全行为[1]。

压力研究数据表明,工业生产造成的事故中,70%左右由工作中产生的压力导致[2]。长期处于压力状态将对人产生极大的负面影响,造成大量的心理、生理和行为问题,这些负面影响必然会在其工作过程中表现出来,导致工人不安全行为的产生,严重的将导致生产事故的发生。人们因工作压力产生的具体症状见表1.1。

工作压力和不安全行为不仅会对个人发展造成严重的影响,而且会对其所处的组织、社会产生重大影响。一方面,工作压力以及不安全行为能够通过影响人的心理状态、生理协调性等对个人的正常生活和生理节律造成干扰;另一方面,工作压力及不安全行为对个体的工作效率和企业的安全生产效率也有重要的影响。煤矿安全生产中,工人所处的高负荷工作压力状态以及由工作压力引发的不安全行为对整个煤矿安全生产状态都具有一定的威胁。因此，对工作压力和不安全行为的有效干预和管控已经成为煤矿生产企业高度重视的工作。

表 1.1　人们因工作压力产生的具体症状

生理症状	心理症状	行为症状
心率加快、血压升高	焦虑、紧张、迷茫、急躁	拖延和逃避工作
肾上腺激素和去甲肾上腺激素等内分泌增加	疲劳感、生气、憎恶	生产能力降低
肠胃失调，如溃疡	情绪过敏、反应过敏	酗酒和吸毒
身体受伤	感情压抑	完全无法工作
心脏疾病	交流的效率降低	去医院的次数增加
呼吸问题	退缩和忧郁	为了逃避而饮食过度
流汗量增加	孤独感和疏远感	由于胆怯而减少饮食
皮肤功能失调	厌烦和对工作不满	没胃口、瘦得快
头痛	精神疲劳和低效能工作	冒险行为增加
癌症	注意力分散	侵犯他人权益、破坏公共财产
肌肉紧张	缺乏自发性和创造性	与家人和朋友关系恶化
睡眠障碍	自信心不足	自杀或试图自杀

1.1.2　研究意义

1. 理论意义

在安全管理科学领域，不安全行为的产生机制一直是研究热点。本书基于安全科学理论、行为科学理论、传播学理论、生理心理学理论等，运用扎根理论、跨层次分析、仿真分析、生理实验等方法深入研究了煤矿工人工作压力的结构、传播规律及其对不安全行为的影响机制。本书有助于丰富中国情境下煤矿工人工作压力的理论研究，拓展煤矿工人不安全行为的理论研究深度与广度，对实现安全行为科学的系统化有重要的支撑作用，有助于安全管理专业的学科发展。

2. 现实意义

本书对煤矿工人工作压力的传播特征及对煤矿工人不安全行为的影响进

行了研究，在此基础上设计了基于心率变异性(Heart Rate Variability，HRV)的煤矿工人工作压力识别实验，以便在有效识别煤矿工人工作压力的基础上及时提出有针对性的干预对策。在对煤矿工人不安全行为的有效干预方面，研究结果能够起到一定的指导作用，煤矿生产企业可以有效识别其在煤矿工人不安全行为管控方面的漏洞，补齐煤矿安全生产与管理方面的短板，提升煤矿工人安全作业的水平，实现煤矿生产企业的科学与可持续发展。

1.2　国内外研究现状

1.2.1　国内外关于工作压力的研究现状

在国外，工作压力研究属于组织行为学研究的经典命题，在研究过程中以现代企业组织形式中的从业者为主要研究对象。国内工作压力研究在早期主要从劳动者的职业健康角度出发。工作压力国内外代表性研究现状如表 1.2 所示。

表 1.2　工作压力国内外代表性研究现状

研究学者	时间	主要研究成果
Miller 等	1999 年	责任意识维度是工作压力与工作绩效关系研究中最值得关注的个性维度[2]
Brown 等	1986 年	将员工感知工作压力作为影响安全行为的一个中介变量[3]
Hofmann 等	1998 年	认为任务超载导致工作压力，进而影响行为[4]
J. Gerard 等	2003 年	认为职业压力可能影响员工按照程序完成任务的认知能力[5]
S. Sonnentag 等	2014 年	在研究中通过心理应激-分离这一组织框架来分析心理压力对人的主观幸福感的影响，研究发现心理压力中的工作负荷对人的主观幸福感起着重要的作用[6]
Smithikrai 等	2014 年	探讨了文化价值观对反生产行为的影响，其中工作压力是中介变量。使用匿名问卷调查，样本是 440 名在泰国政府机构和私营部门工作的员工。研究结果显示，工作压力不仅与反生产行为有直接的关系，同时也在文化价值观和反生产行为之间起着部分中介作用[7]

续表

研究学者	时间	主要研究成果
Cheng Yu 等	2014 年	探讨了护士工作压力、工作满意度及相关因素之间的关系，结果表明，工作压力是影响工作满意度的非常重要的变量，工作压力与工作满意度呈显著负相关[8]
Zhang F. R. J.等	2015 年	工作压力与创造行为的产生呈正相关，组织创新氛围在创新行为和工作压力之间起到一定的调节作用[9]
C. Pocnet 等	2015 年	进行了瑞士工人和外国工人个体特征对工作投入和工作压力的影响研究，发现瑞士人的工作投入和工作压力水平随着年龄的增长而增加，但在外国工人中却是不同的，关系强度根据工人的国籍、年龄、性别、受教育水平和收入有所不同[10]
舒晓兵、廖建桥	2002 年	发现过重的工作压力会增加人们彼此之间的心理距离而使其心情变得压抑，容易产生精神疾病，使员工出现比较差的工作成绩，缺勤率高，对工作不负责任[11]
曾垂凯等	2008 年	探讨了工作压力对员工心理健康的影响。工作需求与情绪衰竭呈正相关，与一般健康状况呈负相关；工作控制与情绪衰竭呈负相关，与一般健康状况呈正相关。工作压力过高会导致员工的心理健康水平下降[12]
田水承等	2011 年	构建了"个体因素、工作压力与不安全行为"的关系模型，并运用结构方程建模的方法对其进行了实证研究，结果表明个体因素、工作压力对不安全行为具有显著的影响[13]
郭彬彬	2011 年	在研究影响不安全行为的因素时表明：工作压力会影响不安全行为[14]
李芳薇等	2012 年	采用问卷调查的方法，探讨工作环境压力(即物理环境和工作危险)对煤矿工人反生产行为和安全的影响，以及一般自我效能感的调节作用。研究结果表明，煤矿企业可通过减少危险源、开展提升员工自我效能感的培训等措施，削弱工作环境因素对员工安全生产行为的消极影响[15]

1. 压力的概念

压力在人们生活和工作的各个方面广泛存在。压力往往会让个体产生一种精神紧迫感，这种紧迫感往往存在于工作、人际交往等过程中。

关于压力概念的主要观点有三种，即压力刺激学说、压力反应学说和压力刺激-反应学说，具体见表 1.3。

表 1.3 压力概念的主要观点

名 称	观 点
压力刺激学说	压力刺激学说源于物理学中对压力的解释，认为压力是外界环境对个体的一种刺激，把压力看作外界环境刺激引起的个体身心的紧张和恐惧等。该学说认为个体对压力的承受能力是有限的，当压力强度超过个体所能承受的压力极限时，将影响个体的身体和心理健康
压力反应学说	压力反应学说基于生物医学的角度，把压力看作个体对某些刺激物的反应。该学说强调压力的产生源不是外界环境，而是个体对环境要求的一种体验，往往上升到一定的认知层面进行理解
压力刺激-反应学说	压力刺激-反应学说认为压力是个人特征和环境刺激物之间相互作用的结果，是形成个体生理心理及行为反应的过程。该学说强调压力是一个动态的过程，是个体与外界刺激之间的相互作用、相互影响的关系

压力刺激学说将压力归根于外界条件，强调外界原因对个体的刺激，进而导致压力的产生，倾向于用个体所处的恶劣外部环境来表征压力强度；压力反应学说则侧重强调个体面对外部环境刺激时的主观反应，从压力对人带来的不良影响角度进行压力研究。压力刺激-反应学说则是同时综合压力刺激学说和压力反应学说，认为压力是外部条件和个体原因共同导致的，对压力的形成有着更科学、全面的阐述。

2. 工作压力的定义

由于工作压力研究理论的侧重方向各有不同，因此还没有较为统一的概念界定。通过查阅相关文献，目前对于工作压力的研究，主要围绕静态和动态两种压力研究视角进行。静态压力研究视角是建立在单一维度的基础上对压力的含义、特性进行研究，主要理论成果包括压力主体特征学说、压力反应学说和压力刺激学说。动态压力研究视角偏重于研究工作压力的动态变化过程，主要围绕压力产生的原因、压力导致的结果以及产生压力后的整个过程进行研究。

国内外对于工作压力概念的主要研究见表1.4。

表1.4 工作压力的概念

代表人物	时间	主要观点
R. S. Lazarus 等	1978 年	压力是需要或超出正常适应反应的任何状况，由人的认知系统反映出来，而这种反应的结果就是人对工作压力的认知评价[16]
L. Fred	1982 年	将工作压力定义为"对外部情况的适应性反应，这种反应导致组织的参与者生理、心理以及行为上的偏离"等[17]
J. C. Quick 等	1984 年	强调压力的后果，他们把压力反应定义为"在面对压力源时对机体自然能力资源的普遍的、有规律的、无意识的调动"[18]
T. P. Summers 等	1995 年	当个体被迫偏离正常的或希望的生活方式时体验并表现出的不舒适感觉[19]
D. Munz 等	2001 年	当压力发生在工作场所时就称为工作压力(Job Stress)，它是工作中个人处理问题的能力与意识到其与工作要求不相称的反应[20]
徐长江	1999 年	在工作环境中，使个人目标受到威胁的压力源长期、持续地作用于个体，在个体及其应付行为的影响下，形成一系列生理层面、心理层面和行为反应的过程[21]
李中海等	2001 年	压力是当人感觉到加在自身上的需求和自己应对需求的能力不平衡时，精神与身体对内在、外在刺激的心理和生理反应[22]
许小东等	2004 年	工作压力是在工作环境中，使工作行为受到逼迫与威胁的压力源长期持续地作用于个体，在个体的主体特征及应对行为的影响下所产生的一系列生理、心理和行为的系统过程[23]
呼昱君	2007 年	个人在工作环境中受到压迫与威胁，这种压力源长期并且持续地作用于个体，通过个体主体特征和应付行为的影响，产生生理、心理及行为的异常感觉和反应[24]
武芸	2014 年	工作压力大部分是工作环境差、工作时间长、工作负荷重等造成的不舒适感[25]

续表

代表人物	时间	主 要 观 点
蒋政达	2015 年	海洋石油工人的工作压力主要分为工作家庭冲突、人际关系、物理环境、生活环境、工作安全、工作隔离和工作制度七个维度[26]
樊春燕	2016 年	教师在工作中与工作有关的压力包括学生成绩不佳且难以管理、考试升学压力、工作负担过重、忙于应付学校各类检查考评等[27]
温九玲等	2017 年	工作压力是指所承担的工作在量上或难度上超过自身预期或能力范围，由此产生一系列心理和生理上的反应与行为[28]
其他		对工作压力下操作性的定义，将某些工作特点定义为工作压力，如工作负荷、工作复杂性、角色冲突、角色模糊等

3. 工作压力源

工作压力源(Job Stressor)是工作压力研究的重要内容之一，主要是指个体在从业过程中面临的对其身心造成影响的刺激因素，是个体对压力感受的主观判断。工作压力源对个体刺激程度的大小与工作压力源的强度、影响时间、出现频率有密切的关系。由于个体的复杂性，工作压力在研究层面也呈现出多样性，在常见工作领域体现的工作压力源包括环境、工作本身和外部因素。

国内外学者对工作压力源进行了大量的研究，下面进行具体介绍。

1) 国外学者的研究

20 世纪初，国外学者对于工作压力的研究更为关注个体所处的外部环境，而对于个体自身的心理承受能力、职业的特殊性研究较少，早期学者认为外部因素才是工作压力的主要来源，如生产过程中，照明、湿度、噪声等都是造成煤矿工人工作压力的主要原因。在恶劣的工作环境下，工人容易产生紧迫感，引起精神高度紧张，引发不安全行为等。20 世纪 60 年代，Kalln、Willf 和 Qemuin 等学者开始将研究重点指向个体的能力和心理因素，从而将工作压力源研究拓展到环境条件外的其他因素。

国外学者对工作压力源的研究具体见表 1.5。

表 1.5 国外学者对工作压力源的研究

代表人物	时间	主 要 观 点
R. L. Kahn 等	1965 年	通过研究发现在组织中最普遍的工作压力源是角色冲突、角色模糊、不能满足的希望、工作过度负荷和成员之间人际关系冲突[29]
Weiss 等	1976 年	工作组织中的压力源主要有：工作本身因素、组织中的角色、职业发展、组织结构与组织风格、组织中的人际关系[30]
C. L. Cooper、J. Marshall	1978 年	工作压力源有 6 个方面：工作本身压力、工作角色压力、工作中人际关系压力、职业发展压力、组织结构和氛围的压力、工作和家庭分界压力[31]
Ivancevich、Matteson	1980 年	工作压力源分为组织内部压力源和组织外部压力源两部分，强调个体差异和个人对压力感知的影响作用。他们把压力源分为 5 个因素：生理条件、个人层面、团队层面、组织层面和组织外因素。其中，个人层面涉及角色和职业发展，组织层面包括组织倾向、组织结构、工作设计和任务特征[32]
Hendrix 等	1995 年	将引起压力的因素分为三类：组织内部因素、组织外部因素和个人特征[33]
Santarelli 等	2019 年	研究发现，长期受监控员工的心身障碍与较低的工作决策纬度得分和高压力工作显著相关，所有心身障碍均与个人压力显著相关
Jaredic 等	2017 年	通过研究发现，工作过程中较为普遍的压力源因素包括工作人员自身的特征、工作情景、个体的情感特征和其他气质因素[35]
Jones 等	2016 年	发现工作压力源与经济的衰退情况关系很大，特别是经济衰退过程中工作量的增加和从业者所在机构的不断重组，这给相关人员带来很大的工作压力[36]
Milner 等	2016 年	研究发现个体在工作过程中不断面临外部压力源，工作的控制程度、工作复杂程度、工作的要求以及工作安全性都对个体压力有着一定的影响作用[37]
Leung M. Y.等	2016 年	研究表明建筑工人的工作压力源包括工作的确定性、工友的支持、工作环境的安全性以及上级领导的支持等[38]

2) 国内学者的研究

近年来，我国学者开始关注工作压力源的研究，已有研究主要集中在两个方面：一是对工作压力源的组成和结构的研究，二是对工作压力源中某个影响工作压力产生的变量与其他变量的相互作用、相互影响的关系进行梳理。相关研究如表1.6所示。

表1.6　国内学者对工作压力源的研究

代表人物	时间	主　要　观　点
许小东	1999 年	把压力源因素概括为：职业活动的内在特征与要求、角色冲突与角色不清、工作负担过重、工作活动的对象、组织中的相互支持与帮助、对有关决策的参与和其他与组织相关的因素等[39]
马可一	2000 年	在研究中把管理人员的工作压力分为任务压力、竞争压力、人际压力和环境压力 4 种类型[40]
舒晓兵	2005 年	组织的结构与倾向、职业发展、工作条件和要求以及组织中的角色是国有与私营企业管理人员的工作压力源[41]
陈志霞等	2005 年	将知识型员工的工作压力源分为工作任务、职业生涯发展、组织管理、人际关系与能力、时间紧迫性和工作环境等[42]
方雄、田俊	2005 年	科技人员工作压力源依次是工作兴趣问题、人际关系问题[43]
程志超等	2006 年	从理论与实证两个方面分析了 IT 行业员工压力源的特点，按照影响程度，认为产生工作压力的因素依次是组织因素、个体因素和环境因素[44]
黄跃辉	2010 年	将企业员工的压力源分为个人因素和企业因素[45]
汤毅晖	2004 年	工作压力对心理健康水平的影响除了直接因果关系以外，还有以控制感和应对方式为中介的间接因果关系，从认知角度说明了工作压力的形成过程[46]
张西超等	2006 年	运用职业压力指标量表(Occupational Stress Indicator-2,OSI-2)中国修订版和半结构化访谈进行工作压力源研究，发现人际关系、角色模糊、工作家庭失衡所带来的压力、角色冲突以及职业发展均对工作压力有影响[47]
弋敏	2007 年	知识型员工的主要工作压力源分别为工作任务、工作背景和氛围、职业发展、人际关系以及组织结构和文化[48]
田水承等	2011 年	以煤矿工人个体因素为外源变量、工作压力为中介变量、不安全行为为内生变量，构建了"个体因素、工作压力与不安全行为的关系模型"[49]

通过文献综述，工作压力要素包括三个部分：工作压力源、工作压力缓冲变量以及工作压力反应。工作压力源存在于工作压力形成和作用过程中的起始阶段，具有重要的研究意义，由于不同学者对压力源的研究出发点有所不同，所以对压力源的分类也各有差异，主要可以分为组织内部压力、组织外部压力及个体压力三个方面。组织内部压力包括组织氛围、职业发展等；组织外部压力包括经济环境、政治环境等；个体压力包括个体的个性特点、身体情况等。

4. 工作压力的测量

在工作压力的实证研究中，常用的测量量表有职业压力指标量表(Occupational Stress Indicator，OSI)、McLean's 工作压力问卷(McLean's Work Stress Questionnaire)、工作内容问卷(Job Content Questionnaire)和工作控制问卷(Job Control Questionnaire)，这 4 类量表对工作压力的定量研究有重要的使用价值。但随着时代的变化，压力调查过程需要考虑的因素越来越多，在实际调查过程中，面临的问题也越来越复杂，因此压力测量实施起来存在一定的难度。

目前，国内虽然已有很多学者根据国外研究进行工作压力测量量表的设计与编制工作，但在煤矿工人的工作压力评价测量量表的设计方面，还缺乏有针对性的相关研究，需要进一步研究与探索。

1.2.2 不安全行为的研究综述

1. 不安全行为概念界定

国内相关学者并没有对不安全行为给出明确的定义，在国际同行的研究中通常用"人因失误"来阐述不安全行为。在煤矿工人不安全行为的研究过程中，普遍认为工作中的人因失误等造成违规的行为是不安全行为。

在国外对不安全行为的研究中，Rigby(1970)[50]、Swain 等(1983)[51]、Reason(1990)[52]、Senders 等(1993)[53]和 Carayon(2010)[54]都对人因失误的有关概念进行了界定。在国内，张力、周刚等[55, 56]也作了大量的研究。大多数研究学者认为，人因失误是指个体的行为造成的结果与预设的目标发生了偏离，甚至是出现了更严重的越界行为，从而造成了恶劣的后果。在国外的大部分研究中，人因失误的研究范围集中在石油生产行业、矿山开采行业、建筑施工行业、核电行业等。

在工业生产事故的判定中，不安全行为被认为是引发事故的不当行为，它包括从业者在从事生产过程中没有按照安全生产规定或是进行相关违规操作造成安全隐患的行为。对于不安全行为的定义见表1.7。

《中华人民共和国国家标准：企业职工伤亡事故分类(GB6441—1986)》中对不安全行为作出了具体的说明，将不安全行为认定为引起生产事故的人为错误。已有研究中，多数学者将不安全行为等同于人因失误。

表 1.7　不安全行为的定义

代表人物或机构	时间	主　要　观　点
全国注册安全工程师执业资格考试辅导教材编审委员会	2004 年	在人机系统中，若人的操作或行为超越或违反系统所允许的范围，就会产生人的行为差错
曹庆仁等	2006 年	研究认为，不安全行为是指那些曾经引起过事故或可能引起事故的人的行为，它们是造成事故的直接原因[57]
三隅二不二	1993 年	对发生的事故结果进行衡量，就可以知道某人的操作行为是否为不安全行为。确实导致或者可能导致事故的行为就是不安全行为，否则就是安全行为[58]
郑莹	2008 年	将不安全行为主要分为三类：故意行为、随意行为和无意行为[59]
李凯	2011 年	从认知心理学的视角进行研究，分为无意识的不安全行为和有意识的不安全行为[60]

综上所述，我们初步认为不安全行为就是生产单位和经营单位的工作人员在操作过程中发生的能造成事故的人为错误，这类错误既包括容易造成各类事故的不安全生产行为，也包括那些将事故的损失和规模进一步扩大化的行为。

2. 不安全行为影响因素

影响不安全行为的因素主要包括外部因素和内部因素，以下是对近年来内外部影响因素的整理。

(1) 不安全行为的内部因素如表1.8所示。

表1.8 不安全行为内部影响因素

代表人物	时间	主要观点
Siu 等	2003 年	个性特质与事故倾向性有密切的联系，事故倾向性往往可以用来描述有一定的事故倾向并且安全意识观念淡薄的工人的个性特质[61]
Vinod Kumar 等	2010 年	个体不安全行为的内部影响因素不仅包括安全知识掌握的程度，而且个体的安全动机也非常重要[62]
李乃文等	2005 年	工作倦怠是导致煤矿工人在工作中发生安全生产事故的重要因素[63]
傅贵等	2005 年	导致不安全行为的重要影响因素包括安全知识、安全意识以及安全习惯[64]
毛喆	2006 年	通过对持续驾驶汽车的驾驶员进行心率、频率、肌电等的测试，分析哪些因素对驾驶员的精神状态有影响，研究认为疲劳度是导致交通事故的重要原因之一[65]
郑莹	2008 年	根据我国煤矿安全生产现状，研究了对煤矿工人安全心理的影响因素，包括个体与社会心理因素、环境因素和个体的行为模式因素[66]
毕作枝等	2009 年	在对开滦煤矿安全生产现状进行深入分析的基础上，研究了导致煤矿工人不安全行为的 8 大心理因素和对煤矿工人心理产生影响的 4 个重要原因[67]
涂翠红等	2010 年	煤矿工人的不安全行为是导致煤矿安全生产事故产生的直接原因，不安全行为发生的根本原因是煤矿工人的心理因素[68]
李乃文等	2010 年	通过实证分析得出煤矿工人工作倦怠与煤矿工人不安全行为的发生有直接的关系，并且构建了煤矿工人工作倦怠与煤矿工人不安全行为的关系模型[69]
杜镇等	2011 年	对影响不安全行为的个体心理因素进行了研究，主要包括年龄、智商、工作经验、生活紧张、疲劳以及健康状况等，并以供电企业为背景进行了相关的实证研究[70]
陈沅江等	2016 年	煤矿工人的认知对意向型和无意向型不安全行为都有一定的影响，解释了这些因素对煤矿工人行为选择过程的影响[71]

续表

代表人物	时间	主　要　观　点
梁振东	2012年	不安全行为意向与安全装备、安全理念、危险源管理、工作压力、违章处罚、安全管理行为显著相关；不安全行为与危险源管理、工作压力、管理承诺、物态环境、违章惩罚显著相关；不安全行为与安全理念、安全装备、安全管理行为间的关系不显著；不安全行为意向与管理承诺、物态环境间的关系不显著[72]
阴东玲等	2015年	个人准备状态差是造成作业人员不安全行为的最直接原因，而运行计划不恰当、监督不充分和资源管理不到位是造成作业人员不安全行为的主要深层次原因，作业人员状态对其不安全行为有较大影响[73]
谢长震	2016年	群体不安全行为影响因素分为安全管理、安全文化、群体特征和群体安全氛围[74]
何刚等	2017年	心理因素、安全氛围、合作氛围和知识水平是影响煤矿工人不安全行为的4个关键因素[75]

(2) 不安全行为的外部影响因素如表1.9所示。

表1.9　不安全行为外部影响因素

代表人物	时间	主　要　观　点
徐国峰	2014年	说明了促成不安全行为的因素对工作场所中个体的安全行为机制的影响，研究结果显示安全氛围感知是所有促成不安全行为的因素中最突出的因素[76]
陈伟珂等	2014年	运用行为主义理论对人的不安全行为进行管理发现，工人所处情境直接影响行为的产生[77]
陈冬博等	2015年	煤矿井下作业人员沟通满意度和不安全行为呈现显著负相关[78]
Oliver等	2002年	通过研究个体心理、工作环境、管理因素与事故之间的关系，表明管理因素可以通过工作压力影响事故的发生[79]
Vredenburgh	2002年	对医院事故进行了实证研究，归纳和整理了影响员工不安全行为的6种因素，即管理承诺、奖惩、选择、培训、沟通以及参与，其中培训是造成医院事故的最主要的因素[80]

续表

代表人物	时间	主 要 观 点
Yule 等	2007 年	领导者的承诺对于下属不安全行为的选择具有一定的影响，进而正向影响其安全绩效水平[81]
Wu 等	2008 年	通过探索性因子归类法研究发现，影响下属不安全行为的三大因素分别是安全培训、安全关怀和安全控制[82]
Uen 等	2009 年	在研究心理契约对员工行为的影响时指出，管理者的知识、经验，管理者对员工的承诺、薪资支付和尊重对员工不安全行为有着更为明显的影响作用[83]
Kath 等	2010 年	工作人员在工作中选择安全行为的过程中，安全沟通以及管理者的态度能够促进和提高工作人员之间的信任，从而他们选择安全行为的可能性有所增加[84]
李华炜等	2006 年	在煤矿事故的发生中不安全行为是引起这些事故的主要因素，要有效控制事故发生，就要加强安全教育培训，强化安全管理和改善生产作业环境[85]
王力	2007 年	通过调查某机务段工作人员的安全意识、安全培训和安全行为的现状，深入研究了影响工作人员不安全行为的因素，建立了相应的安全培训体系，从培训的角度提出了有效降低安全事故的方法[86]
刘更生等	2007 年	定性分析了煤矿工人不安全行为发生的原因，认为在预防事故的发生过程中应当充分重视安全教育的作用[87]
周波等	2011 年	影响煤矿工人不安全行为发生的内因包括心理因素和生理因素两个方面[88]
刘海滨等	2011 年	研究表明，煤矿工人的安全态度、班组安全氛围和行为风险认知偏差这三大因素都会影响煤矿工人的不安全行为意向[89]
安宇等	2011 年	通过实证研究得出煤矿工人的不安全行为受到煤矿工人技术水平、领导者的领导方式、安全隐患识别以及隐患容忍 4 个方面的影响[90]
殷文韬等	2012 年	认为企业管理者行为及其风格对企业的安全状况有直接的影响[91]

(3) 影响不安全行为的内外因素。影响不安全行为的内外因素如表 1.10 所示。

表 1.10　不安全行为内外部影响因素

代表人物	时间	主　要　观　点
曹庆仁	2006 年	对煤矿工人不安全行为有影响的内因包括心理因素、知识掌握、身体情况、组织忠诚度和煤矿工人自身的工作努力程度，外因包括工作环境、规章制度、激励、安全教育培训和组织氛围[92]
田水承、李英芹等	2010 年	影响不安全行为的外因有管理、教育培训和组织安全氛围，内因有生理、技能和性格特征等因素[93]
田水承、李磊	2011 年	煤矿工人的不安全行为的影响因素包括个体因素、安全文化因素、组织因素和环境因素，其相对重要性的排列顺序为：环境因素＞组织因素＞安全文化因素＞个体因素[94]

(4) 不安全行为影响因素述评。国内外研究不安全行为的内因主要集中在心理、生理以及知识、技能等方面。多数研究主要针对其中的某一个方面或某几个方面进行。从这些因素分析中我们可以看出，不断更新的安全知识也会加重煤矿工人的工作压力，工作倦怠的重要原因就是煤矿工人工作过程中的压力长期过重。在煤矿安全生产过程中煤矿工人工作压力过重容易导致煤矿工人身心疲惫、注意力不集中，进而导致安全意识松懈，造成习惯性违章。工作压力过重也影响工人的疲劳度和健康状况，煤矿工人个性心理状态的重要影响因素之一就是压力过大。由此可见，工作压力过重是影响煤矿工人不安全行为发生的重要因素之一。

不安全行为的外在影响因素主要是指企业组织氛围、安全管理以及工作环境等方面。对于这些方面的研究较为分散，研究表明，在煤矿安全生产工作中，工人的工作压力与工人的承受能力紧密相关。

通过以上分析可以看出，目前对不安全行为的研究主要集中在个体的内部因素以及外部环境、组织、管理、培训等因素。绝大多数研究是针对造成不安全生产的某一个因素或某几个特定因素的研究，对于不安全行为的研究，缺乏更为系统的理论支撑，而针对一线煤矿工人的工作压力对不安全行为影响的专门研究比较少。

3. 不安全行为发生机理

对不安全行为进行的科学研究中，大量借鉴了行为科学、心理学的研究视角，经典行为科学的理论成果主要有马斯洛(1976、1988)[95, 96]的需求层次学说、Herzberg 等(1959)[97]的双因素学说、Victor 等(1988)[98]的期望理论学说、Greenwood 等(1919)[99]的事故致因学说等。不安全行为发生机理的相关研究成果如表 1.11 所示。

表 1.11　不安全行为发生机理

代表人物	时间	主　要　观　点
Reason	1990 年	事故路径要越过各级纵深防御系统才能产生严重后果，纵深防御系统的设计主要是指技术系统的冗余和容错设计，由此提出了贡献因素、潜在失效和现行失效的概念，而所有这些设计的环节只受那些在组织中起作用的因素的影响，人的因素就是其中最为显著的因素[100]
Reason	1997 年	在纵深防御系统下，任何一个技术失效、不安全行为以及违章等只是事故的必要条件而非充分条件，可以称作事故的贡献因素，并提出了事故发生过程的奶酪模型，可把以往的单因素链状事故模型转变为多因素事故模型[101]
Joachim Breuer 等	2019 年	人为因素是造成化工过程系统不安全操作的最大因素，传统的人为因素评估方法是静态的，不能处理数据和模型的不确定性，提出了一种结合人因分析与分类系统(HFACS)、直觉模糊集理论和贝叶斯网络的混合动态人因模型[102]
傅贵、李宣东等	2005 年	采用安全科学原理和案例分析的方法，分析了多种不同类型的事故，总结归纳出了事故的共同、直接原因，即安全知识、安全意识和安全习惯所引起的组织成员个体的不安全行为以及物的不安全状态[103]
Wu T. C.等	2008 年	安全领导力与良好安全氛围的形成以及安全绩效的改进有正相关关系。研究发现，具有不同性格特征的领导对员工的安全意识有不同程度的影响，企业的安全绩效和员工的安全意识很大程度上受领导风格的影响[104]
M. B. M. De Koster 等	2011 年	特定安全的变革领导行为(SSTL)是影响安全绩效、促进车间安全的关键[105]
曹庆仁	2007 年	在分析了企业领导者和工作人员认识不安全行为控制这个问题的特点及差别的基础上，认为企业领导者应有针对性地根据企业员工对自身的认知来选择不安全行为防控方法[106]

续表

代表人物	时间	主 要 观 点
田水承、钟铭	2009 年	认为"组织人"的不安全行为是导致煤矿安全生产事故发生的重要原因，该研究以第三类危险源相关理论、事故致因模型为出发点，从管理和经济角度分别对组织人的失误进行了相关分析[107]
刘超	2010 年	认为企业领导对企业中安全问题的态度对企业的安全生产影响很大。领导对企业中的安全工作越重视，员工对安全的重视程度就会越强，员工的安全意识就会得到强化。领导对安全的重视有助于形成安全领导因素，通过激励作用提高企业的安全性[108]

4. 工作压力与不安全行为间关系的研究现状

长期以来，国内外学者针对工作压力对作业人员不安全行为的影响进行了一定的研究，具体如表 1.12 所示。

表 1.12 不安全行为与工作压力间关系的研究现状

代表人物	时间	主 要 观 点
R. Erich 等	2016 年	研究工作压力等因素对空军安全行为表现和不安全事件自我报告的影响[109]
Zhou Z. E. 等	2014 年	研究结果显示工人的适应性、严谨性与反生产行为间呈负相关关系，工作压力中的情绪变量、组织冲突变量、人际冲突变量与反生产行为间呈负相关关系[110]
Oliver 等	2002 年	建立了组织管理、物理环境、个体安全行为、身体健康与事故之间的关系模型，证实组织管理因素通过工作压力等个体变量对事故产生影响[111]
Oza Bahar 等	2013 年	研究发现工作和时间压力对违章行为和失误有显著影响，组织安全管理水平与个体安全技能水平存在相关关系[112]
郑磊磊	2016 年	研究发现高危行业一线员工工作压力、心理契约违背和不安全行为之间显著相关，工作压力可以正向预测不安全行为[113]
贾子若 等	2013 年	研究发现，工作压力通过职业倦怠对安全绩效有负面影响[114]
许小东 等	2014 年	研究表明，工作压力对个体身心两个方面产生作用和影响，进而间接影响个体的行为选择[115]

1.2.3 负性情绪与组织差错反感氛围相关研究

1. 负性情绪的相关研究

个体情绪变化是一个极其复杂的过程，是个体在面对外部条件变化后产生的自身心理、生理上的变化，是一种综合的变化。情绪从产生到引起人行为的变化主要由生理唤醒、心理感受、认知反应和行为反应 4 个阶段构成。

个体在正常的内部心理活动和认知受到冲击、感知到周围情景的变化时，可能会将注意力集中到某些特殊事件上，比如在自尊心受挫、感到恐惧等情景下，情绪会被唤醒，促使个体投入更多精力关注这些特殊事件，以对这些紧急情况作出及时处理。

个体情绪变化主要经历由生理唤醒到心理感受的过程，个体感受到外部条件变化的同时会产生一系列心理反应过程，个体心理变化最终通过个体的行为表现出来。在企业生产经营活动中，竞争与合作共存，企业中员工会对自身所处的环境不断地进行感知、体会和观察，对于外部条件所带来的刺激作出判断，根据自身利益加以选择，当这种刺激对自身的影响达到一定程度时，则会造成其心理及生理各方面的变化，产生好的或坏的情绪，并对这些刺激元素作出及时的回应，以维护自身的利益。

2. 负性情绪的界定

心理学中将负性情绪概括为悲伤、痛苦、难过、紧张等个体情感表现。此类情绪往往是消极的，使个体产生心理和生理上的不适，通常会导致个体自尊心受到打击。在企业生产活动中，负性情绪的存在将会对员工的工作效率造成影响，降低员工的工作积极性，甚至对员工的生活带来不利影响。

个体情绪变化与其心理波动情况有着密切的联系。个体在情绪不稳定的情况下极易产生压迫感、内心紧张感、不舒适感等，如果个体不能够较好地控制自身的情绪，那么这种不稳定情绪状态将会继续向消极方向发展，最终成为负性情绪。Aquino[116]的研究结果表明，工作中常产生负性情绪的个体在与他人相处时更容易持有怀疑和猜忌的态度，对他人会有保持敌对和仇视的倾向，这些个体在与上级领导的相处中也更容易产生不满情绪，其工作态度也较差。

情绪常常波动的个体，在工作和生活中往往态度较为消极，经常表现出不同程度的忧虑和烦躁。当面临过大的工作压力时，情绪稳定的个体能够作出正确的判断，以正确的心态去面对和解决问题、直面压力；而情绪不稳定的个体则会产生消极的想法，并在这些消极想法的驱使下逃避责任、走捷径，这种想法将导致不安全行为甚至事故的发生。

3. 负性情绪对员工行为的影响

情绪能引起个体行为倾向，行为倾向会引起某些行为的产生。负性情绪能够对个体的正常行为造成干扰，引发人的不正常反应。当人在工作中存在负性情绪时，可能会采取某种特定的错误行为来想办法疏解负性情绪给自身所带来的压力感，通过这类特定的偏差行为，可以缓解自身的部分负性情绪感知，后期，个体的特定行为会根据情绪的改变而缓慢改变。

个体在工作中应当时常保持积极的态度和行为，尽量避免负性情绪的产生。负性情绪所引发的不安全行为会对自身甚至周围个体造成一定的负面影响甚至伤害，有时候还会影响其他工人的工资收入，更严重的是，可能对企业效益带来不利影响。

4. 负性情绪对工作压力的影响

P. E. Spector 等(2000)[117]通过实证研究发现，负性情绪的产生有着特定的知觉机制，某些经常存在负性情绪的个体更容易对事物产生负面看法，他们在生活中对待外来的刺激会表现出超乎常人的反应，进而将压力扩大化。研究还指出，当个体在工作过程中表现出忧虑、愤怒的负性情绪时，其采取非常规行为的可能性非常大，这些行为往往是为了暂时解决自身情感体验的不舒适感，有些做法甚至是非常不理性的。虽然负性的情感因素并不能够直接导致个体偏差行为的产生，但这种负性情绪的存在将大大提高偏差行为产生的概率。

本书认为如果员工在工作过程中存在较高水平的负性情绪，那么员工就更加容易受到外界刺激，对周围的压力更敏感，进而导致其发生不安全行为的可能性更大。

5. 组织差错反感氛围

大多数单位中存在着完全不同的对待差错的文化氛围，一类称为差错逃避文化氛围，另一类称为差错管理文化氛围。两类对待差错的不同文化的目的是相同的，都是为了解决问题、消除隐患，但是这两类文化的本质核心是不同的。差错逃避是以逃避当前差错为手段的规避负面效果的处理手段，因为处理差错必然会面临着资金和人力的投入，因此差错逃避是以企业的绩效为出发点的；差错管理则认为应当正视差错的客观存在性，采取合适的手段来对差错作出纠正，它是从长远目标考虑的一种学习和尝试手段。

从上述分析可以发现，在单位现存的差错管理氛围中有一种较为特殊的维度，可称其为组织差错反感氛围。组织差错反感氛围的主要表现：单位中的员工在面对差错时往往进行有意识的掩饰，感到非常担心，产生焦虑、工作压力过大等心理问题。

组织中处在差错环境中的个体不仅需要应对常规的工作内容，而且还要对已有差错作出改正以及消除其带来的负面干扰。Hockey(1996)、Hollenbeck 等(1995)[118, 119]在研究中指出，若处于组织中的成员不会因为犯错而被批评，那么其差错认知资源的需求就会逐步降低，这是因为其组织个体成员不需要更多的资源来掩盖差错和推诿产生的负面影响。在良好的组织差错反感氛围中，由于过高的工作压力造成的其他类型的工作差错是可以被有效处理的，这种良好的组织差错反感氛围最终对企业的长久健康发展有深远的意义。

Van Dyck 等(2005)[120]为了研究差错管理文化氛围以及差错逃避文化氛围对公司绩效的影响，对 300 多家企业进行了实证研究，结果表明：组织差错反感氛围和差错逃避文化氛围在企业经营活动中客观存在，差错管理文化氛围与差错逃避文化氛围呈现负相关关系，差错逃避文化氛围与企业的效益并没有显著的关系。

杜鹏程等(2015)[121]在研究员工工作能力的基础上，以创新自我效能感和工作嵌入为中介，建立了组织差错反感氛围与创新行为的激励模型，研究指出，企业员工在面临差错时，能根据自身的应对能力作出反应，从而一定程度上能够促使创新行为的产生，这一结果为差错反感文化与创新行为的关系研究提供了重要的理论支持。

1.2.4　现有研究评述

现有研究评价如下：

(1) 工作压力的主观评测多采用量表和调查问卷的方式，具有操作简单、经济性好、效度较高且对作业人员几乎没有干扰的优点；但是同时也存在一定的缺陷，如不同人员评定结果的差异性较大，被测人员受到短时记忆消退的影响，给评定结果带来严重局限性，被试人员与研究人员合作关系的契合度可能影响评定结果等。

(2) 针对工作压力测量的生理测量方法与针对其的主观测量方法相比，有着相对连续的数据记录，同时也不会干扰主要任务，但是，生理测量有侵入性，所以有一定的物理限制，因此在物理意义上并不是真的无干扰。在选择工作压力测量方法时，必须考虑多种因素，如费用、实现的简易性、侵入性等。其中，对于某些因素要选择生理测量方法进行测量，但也有部分因素可以采用更直接的主观测量方法进行测量。

(3) 现有的不安全行为的研究主要涉及两个方面的内容：直接关注人员个体因素的研究和关注于组织层面的研究，两个研究方向都存在一些不足。单从人员个体因素角度进行研究缺乏完整性，不能够从根本上解释不安全行为产生的原因。仅考虑组织因素而忽略人员个体因素则难以阐释清楚组织因素与个体不安全行为之间的关系，从而导致无法解释组织因素影响人员行为的微观机理。虽然有部分研究对两方面的因素都进行了考虑，但并没有有效地揭示两个层面的(跨层次)关联性，对不安全行为的研究缺乏系统性，从而无法解释个体不安全行为产生和作用的真正机理。

(4) 对于工作压力与不安全生产行为间的关系，国内外已有研究认为，工作压力对不安全生产行为的产生有着重要的影响，很多研究将工作压力作为自变量，将不安全生产行为作为因变量，研究它们之间的关系：有的研究注重对不安全生产行为后果的探讨；有的更关注导致工作压力的外界因素的研究。但大多数研究只侧重某一方面，或侧重工作压力，或侧重不安全行为，对工作压力对煤矿工人的不安全行为的影响在组织层面和个体层面共同进行的研究较少。

据此，本书以煤矿工人为研究对象，以煤矿工人的工作压力概念及其构成要素为基础研究内容，通过仿真实验研究工作压力的传播规律及其对煤矿工人不安全行为的跨层次影响机制，提出基于 HRV 信号实验的煤矿工人工作压力识别方法，最终提出煤矿工人工作压力管理和干预的建议，在有效减轻煤矿工人工作压力以及管控煤矿工人不安全行为方面起到指导作用，从而提高煤矿企业的安全管理水平，确保工人的安全和健康以及企业的安全生产。

1.3　研究内容及目标

1.3.1　研究内容

本书的研究结合了以往关于工作压力、不安全行为、安全行为科学等方面的研究成果，以煤矿一线生产工人为研究对象，以煤矿工人工作压力为研究切入点，探索在新时期煤矿产能不断提升、煤矿生产自动化程度不断提高的情况下煤矿生产一线工人的工作压力构成、传播规律及其对煤矿工人不安全行为的跨层次影响机制等相关理论和有效干预管理措施。

本书所探讨的主要研究焦点问题包括以下几个方面。

(1) 煤矿工人工作压力概念及结构的基本特征。从介绍研究背景出发，提出煤矿工人工作压力结构研究的问题、思路和框架，在定义煤矿工人工作压力概念的基础上，全面梳理相关研究的演进脉络，提出了煤矿工人工作压力的概念模型和基本假设。

基于扎根理论对煤矿工人工作压力结构进行归纳、总结，包括压力、工作压力、煤矿工人工作压力的概念要素；分析工作压力模型，在总结前人模型的基础上，构建煤矿工人工作压力结构模型。随后以 S 省某矿区为例，深入分析煤矿工人的工作压力现状、压力表征、工作压力带来的负面影响及工作压力产生原因。

(2) 煤矿工人工作压力的传播扩散机制研究。结合传播动力学理论，应用进行相关智能体模拟的专业模拟软件 NetLogo 对煤矿工人的工作压力传播(主要指工作中的压力传播)机制进行模拟研究。

给工作压力管理提供一个新的思路，即从传播过程中有效阻断压力传播，实现从根源抓、从传播过程控制的工作压力管控，从根本上杜绝压力对煤矿工人造成的不良影响。

(3) 煤矿工人工作压力对不安全行为影响的跨层次实证研究。基于煤矿工人工作压力对不安全行为影响的探析，利用实证分析方法，构建煤矿工人工作压力对不安全行为影响的跨层次线性模型。通过相关研究，就企业在压力管理中遇到的问题给出相关的建议。

在文献综述的基础上，本书认为煤矿工人的工作压力对煤矿工人不安全行为的产生有着重要的影响作用。同时，工作当中的差错反感氛围在组织层面可以调节工作压力对煤矿工人的个体行为的影响程度。

(4) 煤矿工人工作压力识别实验研究。工作压力产生之后，通过人体的中枢神经器官——大脑，将压力感受传递到身体的各个器官如心脏、肺部等，对个体的身体机能产生直接的影响，如心跳加速、呼吸代谢加快等，通过这种方式在短时间给个体提供更多的资源以应对所面对的压力。

工作压力会导致人产生焦虑、抑郁、烦躁不安、恐惧和愤怒等情绪。其外在表现主要是变得内向，不愿主动与周围的同事、朋友交流，严重的还会出现抑郁甚至厌世的情况。应激引起的负性情绪反应会降低人的认知能力。重大的压力源使人感到悲观、沮丧和抑郁，进而导致自我价值感下降。

心理学研究表明：当人处于一定任务下时，会因别人的期待产生工作压力。本书模拟煤矿工人工作中面临的典型压力，设计"压力状态诱发实验"，测试不同安全行为绩效的煤矿工人在实验状态下的 HRV 特征,应用心理学知识设计测试实验,获得不同压力状态下的 HRV 信号,进行分析、研究,最终得出煤矿工人不同工作压力状态的分级标准,为通过管控煤矿工人工作压力降低煤矿工人不安全行为提供科学且有效的建议。

(5) 煤矿工人工作压力干预研究。基于上述实验和实证研究分析,结合压力管理理论和煤矿工人的工作压力实际,提出煤矿工人工作压力管理模式,从组织和个体等多层面对其进行探讨。

1.3.2 研究目标

本书主要研究煤矿工人工作压力结构、传播规律及其对煤矿工人不安全行为的影响机制,计划完成以下目标。

(1) 界定煤矿工人工作压力的概念并分析其结构。

(2) 结合传播动力学、智能体模拟等方法,应用相关的专业模拟软件 NetLogo 对煤矿工人的工作压力扩散进行模拟研究,并通过分析模拟结果为压力管理提供决策支持。

(3) 通过对煤矿工人的工作压力情况进行现场调查,分析煤矿工人工作压力的分布特征、变化规律及其影响因素,从定性的角度应用跨层次研究方法研究煤矿工人工作压力对其不安全行为的影响。

(4) 基于 HRV 实验,进行煤矿工人工作压力对其不安全行为影响的实验研究,从实验心理学的角度研究煤矿工人工作压力对煤矿工人不安全行为的影响机制。

(5) 在系统研究煤矿工人工作压力结构、传播机制以及煤矿工人工作压力对煤矿工人不安全行为影响机制的基础上,提出相应的煤矿工人压力管理对策。

1.4 研究方法及技术路线

1.4.1 研究方法

本研究涉及矿业安全管理、组织行为学、心理学、社会学等多个领域,所使用的研究方法如下。

1) 文献研究法

文献研究主要是通过收集、梳理现有的研究资料,从文献中提取与本书研究相关的内容并加以归纳整理，选取有研究价值的资料的过程。本书文献主要为知网数据库、SCI 数据库、EI 数据库的相关文章，在收集整理国内外相关研究的基础上，制定了本书的构思、研究问题及研究架构。

2) 访谈法

访谈法通过实地采访和问卷调查的方式收集数据，对煤矿工人的工作压力进行定量研究，通过访谈获得有关煤矿工人工作压力的有效信息，为本书研究提供可靠的数据支撑。

3) 问卷调查法

问卷调查法是指针对特定研究目的，通过邀请特定人群填写设计科学的问卷，收集相关科学数据的方法。本书在对既往工作压力研究问卷进行系统整理的基础上，编制了煤矿工人工作压力问卷，在正式的煤矿工人工作压力调研过程中，对问卷进行了相关的信度、效度检验，对煤矿工人工作压力和不安全行为状况进行测量，对变量之间的关系进行探讨。

4) 统计分析法

调查得出的数据需要经过整理和统计分析以后，才能更清晰地反映出煤矿工人工作压力的强度。本研究对问卷调研结果通过 SPSS22.0 和 Mplus7.4 等专业统计软件进行分析，运用相关科学的统计方法对问卷的信效度、差异性进行了相关检验，进一步采用相关分析方法(如回归分析等)对煤矿工人工作压力与煤矿工人不安全行为的关系进行了研究。

5) 实验研究法

实验研究法的主要目的是对所研究的问题进行实验设计，在对环境条件进行有效控制且被测试对象完全不知情的情况下监测被测试者的行为和心理上的变化。通过对这种可重复的实验进行有效分析，发现其中的规律。本书在进行煤矿工人工作压力识别实验时拟采用实验研究法进行相关实验，以便有效识别煤矿工人在不同情景下的压力状态。

6) 仿真模拟法

仿真模拟法利用现代计算机技术，对实验对象实施仿真模拟，通过设置合适的环境条件达到模拟真实实验环境的目的。仿真模拟法的可实施性和安全性较高，是通过设定仿真模型模拟真实世界的运动来总结其规律的研究手段。本书拟在进行煤矿工人工作压力传播规律研究中应用 NetLogo 软件进行煤矿工人工作压力传播仿真模拟研究。

1.4.2　技术路线

本书的技术路线图如图 1.1 所示。

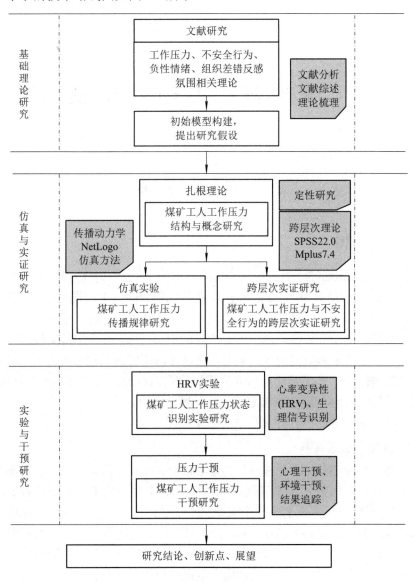

图 1.1　技术路线图

第2章 煤矿工人工作压力研究相关

理论基础与研究模型构建

2.1 理论基础

2.1.1 扎根理论

扎根理论(Grounded Theory，GT)是一种经典的质性研究方法，20 世纪 60 年代由 Barney Glaser 与 Anselm Strauss 在他们所著的关于扎根理论的专著《扎根理论的发现》一书中明确提出该理论。书中阐述其提出这一理论的主要目的是希望能够改变传统质性研究中过分的经验主义倾向，改善传统质性研究中缺乏相应的成熟技术和研究流程的问题，通过对调研资料的梳理与分析、深度挖掘构建相关理论。扎根理论的研究流程可简要总结为：资料分析(收集与整理资料→资料编码)⇒问题与概念总结提炼⇒构建理论。

下面主要介绍资料分析流程中的主要内容。

1. 收集与整理资料

收集与整理资料作为扎根理论的核心部分，在这一阶段，研究者需要对不同的信息进行甄别和分类，了解已有研究观点的异同及它们背后所隐藏的逻辑关系[122]。资料分析本质上是一个编译整个资料库信息代码的过程，即将所有调研资料在整合的基础上进行分解，对资料中的共性现象进行识别的同时进行概念提取与定义，再将整理提取的概念重新整合以提出研究初始阶段所设定的具体核心范畴定义的过程；研究过程完全根据调研的资料得出，从研究范畴中提取核心概念、理论之间的本质逻辑关系，这是我们研究需解决的本质问题。具体流程如图 2.1 所示。

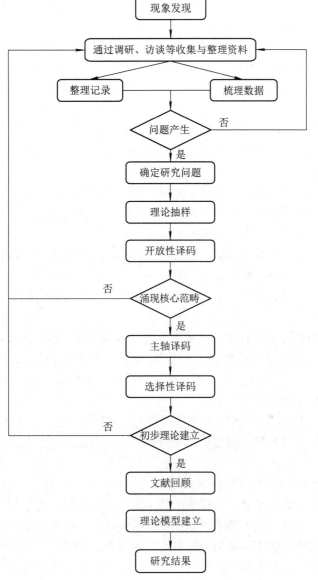

图 2.1　扎根理论流程

2. 资料编码

运用扎根理论能够将复杂的研究问题程序化，从已有的数据资料本身出发，通过提炼和引申挖掘数据中隐藏的潜在信息，形成植根于现实调研资料的理论[123]。在资料分析阶段，首先需要进行开放性译码，紧接着进行主轴译码，最后进行选择性译码，各个阶段相互衔接、层层递进，并需要研究人员进行不断的编码检验并反复执行[124]。

(1) 开放性译码。开放性译码就是把收集到的资料进行分类和概念化，研究者需要根据已有原则对相关信息进行解析并对相关调研内容进行编排处理，厘清不同概念之间的从属关系，实现对各个研究概念范围的分级"缩编"，使所有调研信息和概念逻辑化、规则化。开放性译码一般需要经过定义问题—概念分级—整理信息—概念命名—分析问题特征等过程[125]。数据资料可以通过文献查阅，也可以通过访谈记录或者社会报道等获取，在数据处理之后进行完整的理论结构构建[126]。

定义问题主要是指对现象或事物进行概念的界定。这一阶段则需要初步明确某些事物的基本含义，并将其概念化，继而通过查找相关文献和类似概念对初步界定的概念进行细化，最终形成完整的定义[127]。

本书中定义，"典型范畴"是指对我们观测到的各种不同类型的工作压力进行命名，进一步通过名称进行归类，这就需要通过开放性译码进行，在这一过程中首先要进行各类压力的"标签化"工作，进而针对各类概念提炼出"典型范畴"[128]。

在对开放性译码进行编辑时原则上要求以现场调研材料为素材进行记录，对资料分析编码时应尽可能采用原始调研情景中的各类元素，对资料进行系统分析的过程中要对资料包含的所有有关煤矿工人工作压力概念的因素进行详细分析，以便抽取更加切合研究内容的案例。

(2) 主轴译码。开放性译码中可以得出一系列的概念，这些概念往往是相互独立的，这就需要我们通过主轴译码对其进行提炼，将这些独立概念整合在一起[129]。

进行开放性译码时，得出的各个概念往往是相互独立的，对于这些概念，我们需要对其重新进行整合，这样才能归纳出我们研究的主要范畴。开放性译码所作的主要工作是将这些概念抽取出来，这些概念虽然有一定的联系，但是实质上，概念间的逻辑不够清晰，脉络也不够明确，而主轴译码就是在进一步的研究中对这些概念进行梳理、归类和总结，以进一步提升对这些实地调研资料的掌控程度的过程[130]。

在主轴译码过程中，我们遵循"因果条件—现象—脉络—中介条件—行动/互动策略—结果"这一流程[131]。

(3) 选择性译码。选择性译码是指要从主范畴中提炼核心范畴，分析探讨核心范畴与主范畴、其他范畴的关系，采用故事线的形式描述整体资料设计的现象或事件。因此，从某种意义上来说，选择性译码对于前述研究的价值就在于其能够对所研究的煤矿工人压力范畴进一步进行提炼与检验总结[132]。

本研究应用扎根理论的目的是，通过研究煤矿工人工作压力的各类范畴与相关概念，最终构建出煤矿工人工作压力这一概念的核心意义与维度结构，其研究由表面深入到煤矿工人工作压力问题的核心实质，将调研资料提炼转化成真正的管理概念和相关科学理论[133]。

2.1.2 工作压力相关理论

1. 个体—环境匹配理论

个体—环境匹配理论由 French 和 Caplan(1972)提出[134]，该理论认为工作压力是受环境因素和个体特征的共同影响而产生的。

该理论可以从两个层面进行阐述。首先要关注环境与人的核心价值观是否能够对应与匹配，也就是说个人对自身的价值判断和对周围环境的价值判断是否协调；其次要考虑个体的能力与工作的客观要求是否匹配。French 等人认为，这两个层面中的任何一个层面出现匹配失调问题都会给人带来一定的压力。譬如说，如果个人的综合素质和工作需求不协调，个人素质与工作的要求差距过大，那么就会给个人造成严重的工作压力。

2. 工作需求—控制理论

工作需求—控制理论是由 Karasek(1979)[135]提出的，该理论认为工作压力是由工作中的关键特征变量造成的，这两个关键特征变量为工作要求和工作控制。工作要求主要是指在具体工作过程中所面对的一系列限制条件，如要求的工作任务量、工作时间、工作成果等级等；而工作控制是指工作中的个体对工作掌控的程度，如其对某项工作的决策能力或者针对特定工作，自身拥有的特殊技能。在这一理论的发展过程中又加入了一个调节变量，即"社会支持"，该理论认为社会支持能够对工作压力的后果产生一定的影响。

3. 工作压力认知交互理论

工作压力认知交互理论由 Lazarus 等人(1984)[136]提出，该理论认为工作压力与环境密不可分，但是在环境作用过程中起决定作用的是个体对环境的整体评估，是一个持续动态的过程。在工作压力的产生过程中，个体首先评估自身所面对的环境对自己的价值，然后评估自身所能调动的工作资源。

上述三种理论中，个体—环境匹配理论得到最为广泛的运用；工作需求—控制理论则强调个体对工作过程的控制能力；工作压力认知交互理论认为个体应该更加充分地认识自己与周围工作环境之间的相互作用与影响关系，力求实现个体与环境的平衡。这三种理论各有所长，为本书进行煤矿工人工作压力研究提供了充分的理论支持。

2.1.3 经典传染病模型理论

1. SIR 模型

Kermack 和 McKendrick 于 1927 年建立了 SIR 模型，我们将该模型命名为传染病扩散模型，主要采用传播动力学有关理论来构建。在传染病扩散模型中，我们将一个种群中的个体分为三种类型：第一种为易感染个体，第二种为感染个体，第三种为免疫个体。

在传染病扩散过程中，易感染个体(S)是没有感染的个体，其状态是健康状态，通过与周围个体接触，以相对固定的概率 β 被感染，而感染个体(I)则以概率 γ 恢复为易感染状态(S)，从而进入免疫状态(R)，不大可能被再感染或感染别的个体。因此，在一定的时期 ΔT 内，感染个体转化为免疫个体的概率也为 $\gamma\Delta T$。

模型将 t 时间点的易感染个体、感染个体和免疫个体占整个群体的比例记为 $s(t)$、$i(t)$ 和 $r(t)$，则有 $s(t)+i(t)+r(t)=1$。SIR 用微分方程表达如下：

$$\begin{cases} \dfrac{ds}{dt} = -\beta si \\[2mm] \dfrac{di}{dt} = \beta si - \gamma i \\[2mm] \dfrac{dr}{dt} = \gamma i \end{cases} \tag{2.1}$$

由式(2.1)我们可以看出，在传染病传播动态过程中，易感染个体被感染的概率 β 越大，传染病扩散的范围也就越广，会有越来越多的个体被感染，造成了传染病的传播；而移除率 γ 如果非常小的话，那么这些感染个体恢复的概率也就非常低，这些传染病持续的时间也就越长。

所以为了控制传染病的传播，不仅要控制其传播扩散率，更要增强那些感染个体的恢复能力。

2. DK 模型

Daley、Kendall 在 20 世纪后半叶受到经典的传染病扩散模型的启发，构建了流言传播模型(DK 模型)。在这个模型中个体也分为三种：第一种是没有听过流言的人；第二种是到处传播流言的人；第三种是对于流言虽然清楚，但是保持沉默不进行传播的个体[137, 138]。在初始条件下，即 $t=0$ 时，以上三类节点的个数分别为 $S(0)$、$I(0)$ 和 $R(0)$，则有 $S(0)=N$ 表示所有人都没有听过流言，$I(0)=1$ 表示仅有一个人传播流言，$R(0)=0$ 表示没有人听过该流言；当 $t \geqslant 0$ 时，则有 $S(t)+I(t)+R(t)=N+1$。DK 模型的马尔可夫链(Markov Chains)在连续时间条件下的转移概率表示为

$$P_{s, i} = P\{S(t)=s, I(t)=i \,|\, S(0)=N, I(0)=1\} \tag{2.2}$$

式(2.2)在 $0 \leqslant s \leqslant N$ 且 $0 \leqslant i \leqslant 1$ 时的(转移)概率分布满足以下方程：

$$\begin{aligned}
\frac{\mathrm{d}P_{s, i}}{\mathrm{d}t} = {}& (s+1)(i-1)P_{s+1, i-1} + (N-s-i)(i+1)P_{s, i+1} + \\
& \frac{(s+1)(i+1)}{2}P_{s, i+1} - i(N - \frac{i-1}{2})P_{s, i}
\end{aligned} \tag{2.3}$$

当 s 和 i 超出式(2.3)中的条件范围时，$P_{s, i}=0$。虽然该模型是借助随机过程的方法实现对流言的分析，不完全符合流言传播的实际情况，但近似条件下能够模拟流言的传播过程。

2.1.4　心率变异性

1. 心率变异性的定义

在人的日常工作中，不论是在休息还是在活动状态，普通人的心率是一直有所波动的，对于这一波动的幅度，可通过心率变异性这个生理指标进行测度。心率变异性表征的是普通人在正常的心动周期间隔期间(间期)的细微变化。

在一般研究中，心电图(ECG)信号周期波形包括三种类型的波：第一种波形为 P 波，第二种波形为 QRS 波(由 Q 波、R 波和 S 波组成)，第三种波形为 T 波。在波形监测过程中我们选择能够直接反映心率变异性的 P-P(PP)波间期进行监测，而 P 波的波幅由于特别小，测量难度较大，所以我们采用和 P-P 波间期基本一致的 R-R(RR)波间期对获得的心率变异性信号进行分析[139]，这也是公认的进行心率变异性分析的科学指标。

2. 心率变异性评价

本研究将心率变异性用于煤矿工人工作压力的评价，主要将煤矿工人

在工作压力状态下心脏搏动的细微波动通过相关算法转化为不同的波形进行科学分析，将工作压力的变化从无法观测到的神经变化外化为可以有效观察和测量的波形变化，进而通过时域分析与频域分析等量化方法科学识别煤矿工人在不同工作压力下的心率变化规律。心率变异性产生机制如图2.2 所示。

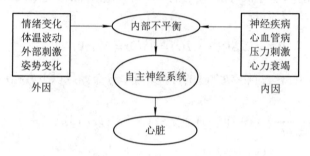

图 2.2　心率变异性产生机制

心率变异性指标可表明逐次心搏周期之间的细微变化。根据图 2.2 可知自主神经系统对个体心脏窦房有一定的规律性刺激，通过这种刺激对心脏节律进行有效调节，同时在调节过程中心脏搏动存在一定的时间差异范围。虽然差异很微小，只有毫秒级，但是就是这一差异可以让我们测量出心率变异性这一生理指标。

外界或者个体的各类因素通过对神经的刺激最终引起了个体心率的变化，因此，普通人的心率在休息状态下也一直是有所变化的，并且存在着一定的波动。科学研究表明，心率变异性信号所包含的有关心血管调节的大量数据信息，对量化分析心脏交感神经和副交感神经活动的紧张程度有重要的意义[140]。

因此，在对煤矿工人工作压力进行识别研究的过程中，在通过运用心理学量表定性测量煤矿工人心理压力的基础上，运用心率变异性这一无创生理指标对煤矿工人工作压力进行科学准确识别方面有重要的意义[141-143]。

3. 心率变异性 ECG 信号采集

在采集 ECG 信号过程中通常采用高倍数的放大器，一般采用放大倍数为 1000 倍左右的放大器。一般情况下，个体在静止状态下的信号采集工作的难度要比在动态状态下的信号采集工作小得多，在动态过程中往往有很多的干扰。在研究中一般采用封装成型的高分辨率的转换器进行 ECG 信号采集[144, 145]。

2.2　概念模型构建与研究假设

2.2.1　概念模型构建

Spector 等(2005)提出压力-情绪模型如图 2.3 所示，该模型是在挫折-攻击假说以及归因理论重新整合的基础上提出的[146]。挫折-攻击假说认为个体在完成任务的时候会遇到困难与阻挠，这会给人造成心理阴影，进一步引发个体激烈的反抗；归因理论则认为那些有意为之的困难和阻挠会让受到伤害的个体产生更强烈的反抗行为。根据以上理论，Spector 等提出了压力-情绪模型，该模型的主要作用在于揭示在工作中负性情绪对反生产行为的影响与作用机制。

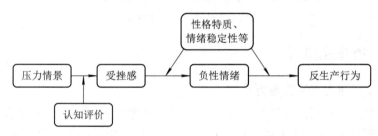

图 2.3　反生产行为的压力-情绪模型

根据压力-情绪理论[147, 148]，工作中个人受到工作压力影响会产生负性情绪，这些情绪积累到一定程度就可能产生反生产行为。本研究借鉴压力-情绪模型，提出基于压力-情绪理论的煤矿工人工作压力对不安全行为影响的概念模型，如图 2.4 所示。

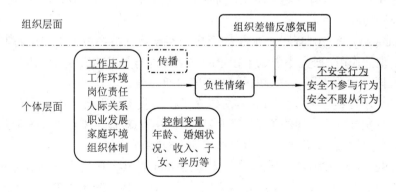

图 2.4　工作压力对不安全行为影响的概念模型

本研究提出如图 2.5 所示的研究内容总体框架。

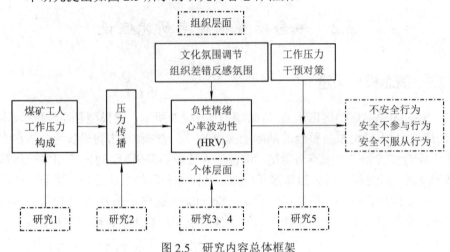

图 2.5　研究内容总体框架

2.2.2　研究假设提出

1. 工作压力与不安全行为

M. Y. Leung 等(2015)[149]研究了工作压力对建筑工人安全行为及事故的影响，系统分析了工作压力对工人安全行为及事故的作用。Zhou 等(2014)[110]研究了工人个性、工作压力和反生产行为三方的相互作用，调查收集了 932 名员工的样本，结果显示工人个性中的适应性、严谨性与反生产行为呈负相关关系，工作压力中的情绪变量、组织冲突变量、人际冲突变量与反生产行为呈负相关关系。Oliver(2002)[150]等通过研究发现，工作压力与专业驾驶人员的违规和错误驾驶行为有一定的关系，同时单位整体的安全管理层次与个人的安全能力有密切的关系。

Sampson 等(2014)[151]研究了安全压力和社会支持在员工工作中对其安全工作表现的作用，研究中强调了特定的安全压力与员工的安全工作表现之间的关系，同时也强调了工作过程中的信息沟通质量在其中的重要作用。Lu 等(2016)[152]通过线性分层回归的方法研究了在码头工作人员当中工作压力与自我报告不安全行为之间的关系，研究发现工作压力对员工工作当中的遵从性行为有着负向的影响，而情绪智力对员工的安全参与行为与安全服从行为有正向影响。Smithikrai(2014)[153]在一个样本量为 404 的实证研究中试图探讨文化价值观(Cultural Values)与反生产行为之间的关系，并且试图检验工人个体的工作压力是否在文化价值和反生产行为之间存在一定的中介作用，结果显示工作压力不仅与反生产行为有关，并且在文化价值和反生产行为之间起到了部分的中介作用。

基于以上分析，我们提出如下假设。

假设 1：煤矿工人工作压力与不安全行为显著负相关。

Ashkanasy 等(2014)[154]研究发现工作环境对工作人员的情感构成有重要的影响作用，通过情感重塑进一步影响了工作人员的行为和态度；Clarke(2006)[155]研究发现工厂中工作环境对工人在生产中的事故和不安全行为有重要的影响；Foley 等(2016)[156]研究发现在基于一定活动空间的工作环境中工作时，工作人员的身体紧张会得到有效的放松；Melnyk(2014)[157]研究发现工作环境和氛围对医疗从业者的行为有重要的影响；赵铁牛等(2012)[158]采用分层、整群抽样的方法对医生群体的工作压力进行了调研，发现随着医生工作压力的增大，其人际关系变得更加敏感、脆弱，严重影响其工作状态。基于以上分析，我们提出假设如下：

假设 1-1：煤矿工人工作环境压力与安全不参与行为负相关。

假设 1-2：煤矿工人工作环境压力与安全不服从行为负相关。

假设 1-3：煤矿工人岗位责任压力与安全不参与行为负相关。

假设 1-4：煤矿工人岗位责任压力与安全不服从行为负相关。

假设 1-5：煤矿工人人际关系压力与安全不参与行为负相关。

假设 1-6：煤矿工人人际关系压力与安全不服从行为负相关。

Anantharaman 等(2017)[159]研究发现，自我效能、集体效能能够有效解决软件行业从业者的职业压力与紧张问题，有效的自我效能与发展的调节作用可以干预工作压力带来的职业枯竭感，从而提升工作绩效；Leung 等(2014)[160]在研究香港和南非建筑行业从业者工作压力时发现，从业者职业发展对其工作压力大小有显著预测作用，同时对相关从业者的从业水平也有很好的预测作用。

Alterman 等(2013)[161]的研究表明，在工作场所当中家庭-工作冲突、工作不安全感和工作环境对工人的职业健康影响巨大；Boles 等(1997)[162]研究发现，家庭领域的冲突对工人工作压力和在工作场所的表现有显著的影响；Greenhaus 等(1985)[163]的研究中已经通过定性研究的方法发现家庭与工作中存在的矛盾问题，在家庭与工作出现矛盾时，个体的时间与角色往往难以同时满足两方的要求，对此提出了家庭-工作冲突模型；Bolino 等(2005)[164]研究表明个人与家庭之间的冲突通过工作压力这一变量对个体行为有重要的影响，在影响过程中男性和女性之间存在显著的差异；Steel 等(2016)[165]通过研究一定的奖励和惩罚制度对工作人员相关技能的影响发现,奖励与惩罚对于工人熟练记忆工作技能均有帮助,相对而言,惩罚更能够加深记忆行为;Puhalla 等(2016)[166]研究发现,在一些负性情绪较强的个体身上,奖励与惩罚制度对于有一定压力紧张感的个体有着更强的影响力;陈红等(2014)[167]研究了惩罚制度与矿井作业人员行为选择之间的内在作用关系,采用仿真方法对不同制度属性下矿井作业人员行为选择情况进行模拟并分析煤矿不安全行为惩罚制度对作业人员行为选择的作用效果;祁慧等(2016)[168]研究发现,煤矿企业制度设计信任、制度执行信任和制度遵从信任均对煤矿工人自主安全行为选择有显著的正向影响。基于以上分析,我们提出如下假设。

假设 1-7: 煤矿工人职业发展压力与安全不参与行为负相关。

假设 1-8: 煤矿工人职业发展压力与安全不服从行为负相关。

假设 1-9: 煤矿工人家庭环境压力与安全不参与行为负相关。

假设 1-10: 煤矿工人家庭环境压力与安全不服从行为负相关。

假设 1-11: 煤矿工人组织体制压力与安全不参与行为负相关。

假设 1-12: 煤矿工人组织体制压力与安全不服从行为负相关。

2. 负性情绪的中介作用

Spector(2000)[117]研究认为,在工作压力对个体行为施加影响的过程中,负性情绪起到一定的调节作用,譬如,若某些员工的负性情绪水平较高,就会明显地夸大工作中的压力感受;同时在工作场所中,如果个体长期处于负性情绪中,其在工作中出现错误的概率就非常大,员工往往通过消极怠工、故意犯错等形式发泄自身所承受的压力。本书认为负性情绪水平相对较高的个体在工作中更容易受到工作压力过载的困扰,产生更多的工作偏离行为。

情绪能引起个体行为倾向,行为倾向将导致行为的产生。负性情绪会对员工个体行为产生破坏或干扰等负面影响。当员工个体经历强烈的负性情绪时,可能采取某种有针对性的偏差行为来释放这种负性情绪所带来的压力体验,当这种偏差行为产生后,个体的负性情绪体验将大大降低,正向情绪体验将不断升高。之后,个体采取的这种有针对性的偏差行为将会随着情绪体验的改变而慢慢纠正和改变。

负性情绪的不断积累会引发个人心理和生理上的压抑感,形成一定的工作压力。在这种工作压力不断积累的过程中,个体会寻找某种针对工作的行为来释放这种工作压力,通过特定的针对工作的行为,个体在工作过程中的负性情绪将得到有效的释放和缓解,个体的工作偏差行为也将随着工作压力的缓解和负性情绪的减轻而逐渐减少。

反生产行为的压力-情绪模型(Stressor-Emotion Model，S-EM)由反生产行为研究的代表人物 Spector 提出，在模型中，负性情绪在工作压力和反生产行为之间起到中介作用[146]。基于此我们提出如下假设。

假设 2：负性情绪在煤矿工人工作压力与不安全行为之间有一定的中介作用。

L. M. Penney 等(2005)[169]通过实证研究发现，工作压力与生产行为之间存在相关关系，而负性情绪在其中有一定的调节作用，换句话说，工作压力与反生产行为在负性情绪条件下得到了一定的强化，基于此，我们提出如下假设。

假设 2-1：负性情绪在煤矿工人环境压力与安全不参与行为间起着一定的中介作用。

假设 2-2：负性情绪在煤矿工人环境压力与安全不服从行为间起着一定的中介作用。

假设 2-3：负性情绪在煤矿工人岗位责任压力与安全不参与行为间起着一定的中介作用。

假设 2-4：负性情绪在煤矿工人岗位责任压力与安全不服从行为间起着一定的中介作用。

假设 2-5：负性情绪在煤矿工人人际关系压力与安全不参与行为之间起着一定中介作用。

假设 2-6：负性情绪在煤矿工人人际关系压力与安全不服从行为之间起着一定中介作用。

Dion Greenidge(2013)[170]在一个样本量为 202 的实证研究中指出个人的负性情绪(Negative Emotion)在工人的工作压力和反生产行为(Counterproductive Work Behavior)之间有着一定的中介效应；情绪智力(Emotional Intelligence)与工人的工作压力和反工作行为间存在着一定的关系，工人的个性对其情绪智力有一定的影响作用。基于此，我们提出如下假设。

假设 2-7：负性情绪在煤矿工人职业发展压力与安全不参与行为之间起着一定中介作用。

假设 2-8：负性情绪在煤矿工人职业发展压力与安全不服从行为之间起着一定中介作用。

假设 2-9：负性情绪在煤矿工人家庭环境压力与安全不参与行为间起着一定的中介作用。

假设 2-10：负性情绪在煤矿工人家庭环境压力与安全不服从行为间起着一定中介作用。

假设 2-11：负性情绪在煤矿工人组织体制压力与安全不参与行为间起着一

定中介作用。

假设 2-12: 负性情绪在煤矿工人组织体制压力与安全不服从行为间起着一定中介作用。

3. 组织差错管理文化(包括组织差错反感氛围)的调节作用

根据计划行为理论(Theory of Planned Behavior，TPB)，主观规范(Subjective Norm)可以通过意愿影响行为。计划行为理论是由 Icek Ajzen(1991)[171]提出的，计划行为理论结构模型图如图 2.6 所示。

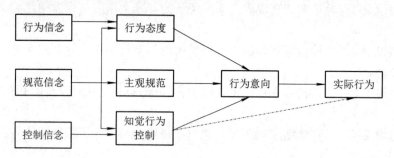

图 2.6　计划行为理论结构模型图

安全氛围作为主观规范的一种，对于煤矿安全生产有着巨大的影响作用。在煤矿班组这一层级，处罚方式相对单一，主要以经济处罚为主，而且往往涉及整个班组的经济收益，因为罚款意味着班组月底整体的安全奖励会受到一定的影响。不论在经济上还是精神上，煤矿工人在工作过程中出现违章等事故后往往面临经济和企业制度方面的双重压力，形成了一种独特的煤矿企业对待处罚的态度，这就是我们经常说的煤矿组织差错反感氛围。

在煤矿企业安全生产过程中，组织差错管理文化是煤矿企业安全生产建设的重要组成部分，一个煤矿企业的组织差错管理文化反映了煤矿管理层对煤矿安全生产的期望，其可以表述为主观规范的一种类型。

在煤矿不安全行为和违章事故管理中，整个煤矿组织对于这些不安全行为和违章事故的态度，或者说对不安全行为和违章事故的看法往往会形成一种非正式的组织差错管理文化，而传统的煤矿企业的组织差错管理文化是为了纠正差错(包括违章和不安全行为)，让员工吸取教训，对其实施相关的经济与其他类型的处罚。

朱颖俊等(2011、2014)[172, 173]研究发现，组织差错管理文化可以正向预测管理和技术创新，促进员工创新行为。高晶(2013)[174]发现在工作过程中对差错乐观面对的态度倾向对组织绩效和员工创造性行为都有着积极的影响。杜鹏程、贾玉立等(2015)[175]采用跨层次的方法验证了组织差错管理文化与企业工作人员创造能力间的正相关关系。

Van Dyck 等(2005)[120]在研究中认为组织差错反感氛围作为组织差错管理文化当中的一个重要组成，二者之间呈负向关系，而组织差错反感氛围也是组织文化当中的重要组成部分。Frese 和 Fay(2001)[176]研究发现，如果员工在工作中出现差错等会受到相应的惩罚，那么员工纠正差错的主动性就会大受打击。

据此，本书所指的煤矿生产企业组织差错反感氛围是其组织差错管理文化的重要组成部分，与组织差错管理文化负相关，煤矿工人在企业这个组织中，感受到组织整体对不安全行为和违章等差错的态度，往往组织越反感这些不安全行为或者违章事故等差错，工人感觉到的组织差错反感氛围就越强，自身也更易受到周围的人的感染，而在工作中会更注意不犯这些错误。按照计划行为理论的阐释，煤矿工人将按照一定的主观规范进行工作，在正确的安全信念和主观规范的引导下实现自身在煤矿安全生产过程中的高效工作，有效减少违章和不安全行为。

基于以上分析，我们提出如下假设。

假设 3：组织差错反感氛围在煤矿工人工作压力与不安全行为之间起调节作用。

假设 3-1：组织差错反感氛围在煤矿工人工作压力与不安全行为路径之间起调节作用。

假设 3-2：组织差错反感氛围在煤矿工人负性情绪与不安全行为路径之间起调节作用。

本 章 小 结

本章重点分析了煤矿工人工作压力结构、传播规律及其对不安全行为影响研究有关的理论模型或指标，包括煤矿工人工作压力结构研究所需要的扎根理论、煤矿工人工作传播规律研究所需要的传染病扩散模型、进行煤矿工人工作压力识别实验所需要的心率变异性相关指标以及进行煤矿工人工作压力对不安全行为影响研究所需要的相关概念模型等。

本章在挫折-攻击假说等文献分析的基础上，借鉴 Spector 提出的"压力-情绪模型"构建了煤矿工人工作压力对煤矿工人不安全行为影响的概念模型，概念模型主要研究变量及路径为"煤矿工人工作压力—负性情绪—不安全行为"。同时，假设组织变量"组织差错反感氛围"在"煤矿工人工作压力—不安全行为"路径及"煤矿工人负性情绪—不安全行为"路径中起到跨层次调节效应。

本章还提出了本研究的相关研究内容与研究假设，即煤矿工人工作压力结构、工作压力传播规律研究及煤矿工人工作压力对煤矿工人不安全行为影响实证研究的相关假设，包括煤矿工人工作压力对不安全行为的关系假设，负性情绪在煤矿工人工作压力和不安全行为之间的中介效应假设及组织差错反感氛围在相关变量之间的调节效应假设。

第3章 基于扎根理论的煤矿工人

工作压力构成研究

本章选择多家国有大中型煤矿的10名班组长以及23名一线煤矿工人作为访谈对象，进行深度访谈，采用扎根理论方法构建煤矿工人工作压力概念初始模型；随后采用调查问卷的形式，对多所煤矿企业的一线生产工人进行问卷调查，通过探索性因子分析和验证性因子分析对初始问卷进行修订与分析，构建煤矿工人工作压力最终模型，并对模型的内容效度、结构效度、预测效度进行检验，实证检验了煤矿工人工作压力的结构。

近年来，随着煤矿企业机械自动化程度的提高，煤矿产能在大幅度提升的同时，煤矿一线工人面临的工作压力也在不断增大。在高压力状态下工作，工人的工作表现也变得不够稳定，在长期的井下劳动中容易精力分散，不安全行为表现得越来越频繁，这些问题在煤矿安全管理领域已经引起了相关学者的重视。

首先，在文献分析以及质性研究的基础上，归纳总结出了中国情境下煤矿工人工作压力和从事其他职业类型的人的压力的不同；然后，在文献综述的基础上，采用访谈法、开放式问卷、个案研究以及征求国内外专家意见的方式编制煤矿工人工作压力初始问卷，对陕西、内蒙古、甘肃、河南的900名煤矿工人进行调查。

调查发现，中国情境下对煤矿工人工作压力构成的定义与一般职业者的工作压力构成的定义存在差异。经过专家分析，由于中国文化与国外不同，受中国传统文化的影响，国内被试者在回答测量问卷时会有所保留，这会产生一定的系统误差。因此，需要重新对量表进行修订，尽量避免较极端或负面问题。

3.1 基于扎根理论的煤矿工人工作压力研究总体设计

3.1.1 选用扎根理论的依据

本书选择扎根理论来研究煤矿工人工作压力的构成，主要基于以下三个方面的考虑：

(1) 工作压力本身是心理学和组织行为学研究的重点内容，其表征多为软性指标，国内外进行量化评价的文献较少。

(2) 煤矿生产企业基层员工流动性大，涉及较多人员。在人事管理方面，管理层对煤矿员工的工作压力问题并没有特别的量化考核指标，相关的考核数据很难获取。

(3) 扎根理论通过归纳的方法从现象中提炼该领域的基本问题，并创建和完善相应的理论体系。从某种意义上说，扎根理论弥补了过去质性研究中偏重经验传授和技巧训练不足的问题，通过对资料的分析、挖掘，建立合理的理论。

3.1.2 研究目的

首先，通过现场访谈和焦点团体访谈等质性研究方法，在了解煤矿工人工作过程中面临的一些现实困难的同时，进一步梳理出煤矿井下工作对煤矿工人有哪些具体压力，并最终在访谈所得文本资料的基础之上，初步提出煤矿工人工作压力的基本结构，同时界定煤矿工人工作压力的基本概念。

然后，借鉴工作压力研究领域的经典测量工具和问卷，编制煤矿工人工作压力研究问卷，然后应用 SPSS 统计分析软件和 Mplus7.4 软件进行探索性因子分析和验证性因子分析，进一步探索并检验煤矿工人工作压力的结构模型，通过跨层次分析方法从组织和个体两个层面研究工作压力对煤矿工人不安全行为的影响。

3.1.3 研究设计

本研究采用质性研究的方法，因为有部分问题涉及煤矿企业的内部政策、上级领导与同事关系、工资薪酬等敏感问题，因此选择深度访谈这一质性研究方法来收集资料，以获取更真实的数据结果；在深度访谈的基础上，也选择焦点团体访谈的方式，让受访者之间有充分的互动，进行思想交流和意见的交换。在调研过程中共进行了 10 次深度访谈和 5 次焦点团体访谈。

在进行相关访谈的同时，结合对相关资料的整理，获取了第一手的访谈信息。在半结构化访谈开始时，对于煤矿工人这一特殊的访谈对象，通过采取一系列的措施，如聊天式访谈、单人一对一访谈等，取得相互间的信任，努力消除其戒备心。在访谈过程中，首先要求访谈工人提供在工作中造成其工作压力的具体关键事件，然后将访谈内容整理为文本，特别有价值的访谈内容按照案例形式进行再整理和加工，最后将访谈记录和案例进行编码分析，进行进一步的归纳总结。

在以往的研究过程中，对工作压力的研究主要以量表为主，并且没有特别区分担任不同职位的煤矿工人的工作压力是否存在差异。因此本研究借鉴扎根理论这一方法，研究并归纳了不同职位或年龄的煤矿工人(包括班组长和年轻煤矿工人、年长煤矿工人)的工作压力，并统计了工作压力可能导致的各类反应。

3.1.4　研究对象

研究对象以陕西、内蒙古、甘肃、河南的煤矿生产企业的一线生产班组的工作人员为研究对象，接受调研访问人员的包括 10 位班组长，以及 23 位一线煤矿工人(包括 8 名年长煤矿工人和 15 名年轻煤矿工人)。

为了得到真实有效的信息，我们对每一个访谈样本都采取了现场一对一的访谈方式。在访谈过程中以笔记记录为主，在征得访谈对象同意的基础上进行录音记录，侧重选择各个煤矿生产企业的一线工作人员作为访谈对象，特别是长期处于高负荷工作强度的岗位人员，他们都是煤矿生产企业的中坚力量。最后将访谈记录整理成 15 个访谈案例。

访谈相关问题和整理得到的相关数据如下。

1) 制定访谈提纲

围绕本研究目的，在咨询研究工作压力问题的相关专家后，拟定出了访谈提纲，具体有以下几个问题：

① 您的年龄和婚姻状况如何？家中老人和小孩的情况怎么样？

② 您的受教育程度如何？工作了多少年了？目前所从事的工作岗位是什么？

③ 您感觉自己的工作负荷如何？您对工作和生活中面临的挑战能否应对？

④ 工作中遇到一些不得不面对的困难时您一般是如何处理的？

⑤ 您对自己在工作中角色的认识是否明确？

⑥ 您在工作中人际关系处理得怎么样？与领导的关系处理得怎么样？

⑦ 在非工作时间您是会经常想到工作中的一些事情还是尽量回避？

⑧ 您认为井下工作给您和您的家庭是否带来了额外的压力？这些压力是否对您的家庭生活产生了一定的影响？

⑨ 您在工作中一般是如何应对这些压力的？请尽量举一些详细的例子说明。

2）进行正式访谈

略。

3）煤矿工人样本抽取

本研究在陕西、内蒙古、甘肃、河南选择了不同经营性质和发展规模的煤矿生产企业作为访谈样本的抽样企业，选取样本都为一线生产人员，共计 33 人，样本结构如表 3.1 所示。

表 3.1　访谈企业信息

企业名称	经营性质	盈利情况	访谈对象班组
神东煤炭集团大柳塔煤矿	国有资产	盈利	采煤班 机电班 通风班 维修班 运输班
神东煤炭集团补连塔煤矿	国有资产	盈利	采煤班 机电班 通风班 维修班 运输班
甘肃华亭煤业集团	地方控股	盈利	采煤班 机电班 通风班 维修班 运输班
陕西煤业集团黄陵建庄矿业有限公司	地方控股	盈利	采煤班 机电班 通风班 维修班 运输班
平顶山天安煤业股份有限公司六矿	地方控股	盈利	采煤班 机电班 通风班 维修班 运输班

注：访谈对象为随机抽样选取。

4) 访谈者的基本资料

本研究中，共有 23 位煤矿生产企业一线生产人员接受了访谈。访谈对象中有 10 位班组长，具体资料如表 3.2 所示，其中采煤班组长 4 名，机电班组长 2 名，通风班组长 2 名，维修班组长 1 名，运输班组长 1 名。在选择过程中充分关注煤矿生产单位的现实情况，工作 12 年以上的班组长 3 位，10 年以上12 年以下的班组长 3 位，工作在 8～10 年的班组长 2 位，工作在 6～8 年的班组长 2 位。对于各个岗位的调研对象采取一对一调研的方式，并且在调研过程中充分尊重调研对象的隐私，对于调研对象要求保密的信息进行匿名处理。

表 3.2 班组长的基本资料

工作班组	人数	百分比
采煤班	4	40%
机电班	2	20%
通风班	2	20%
维修班	1	10%
运输班	1	10%
单位工作年限	人数	百分比
>12 年	3	30%
10～12 年	3	30%
8～10 年	2	20%
6～8 年	2	20%
担任班组长年限	人数	百分比
<1 年	1	10%
1～3 年	3	30%
3～6 年	4	40%
>6 年	2	20%

受访的 23 位工作班组一线生产人员的基本资料如表 3.3 所示。

表 3.3 煤矿一线生产人员基本资料

工作班组	人数	百分比
采煤班	8	35%
机电班	6	26%
通风班	3	13%
维修班	4	31%
运输班	2	5%

单位工作年限	人数	百分比
>12 年	9	39%
10～12 年	6	26%
8～10 年	6	26%
6～8 年	2	9%

3.1.5　研究工具

为详细调研煤矿生产企业一线生产人员的工作压力，在相关文献回顾的基础上，编写煤矿工人工作压力访谈大纲，分为班组长访谈大纲和工作班组一线煤矿工人访谈大纲，本研究根据访谈大纲结果总结梳理煤矿工人的工作压力情况，访谈大纲设计的逻辑路径表如表 3.4 所示。

表 3.4　访谈大纲设计的逻辑路径表

访谈主题	访谈问题实例	访谈目的
工作环境与工作履历	请您简单介绍一下您的工作内容与职责，以及您个人工作以来的岗位变动和升职情况	了解访问对象的工作背景和个人工作情况
工作薪酬情况	对目前的工作薪酬是否满意，薪酬是否能满足家庭需要	调研被调查者是否存在一定的经济压力
工作负荷情况	工作中是否面临活干不完，工作忙碌影响睡眠等情况，单位是否给了您太大的压力等	调研工作负荷过重的问题
职业发展路径	工作过程中晋升通道是否通畅，是否有机会去其他单位担任一定的管理职务，您对单位及领导提拔人的标准有什么意见	调研煤矿工人的职业发展压力
工作环境压力情况	您感觉单位提供的工作环境怎么样，自己在工作过程中对周围的环境感知如何	主要针对工作环境进行详细的调研，看是否有非常影响工作压力大小的因素
岗位工作情况	您认为在单位工作过程中是否存在工作岗位不明确等情况，您的工作岗位职责都有哪些	主要调查单位岗位设置情况

班组长及一线煤矿工人访谈大纲如下：

(1) 班组长访谈大纲内容。

① 担任班组长的时间长短，除了本单位之外，是否在其他单位工作过？上班时长如何？日常工作主要有哪些责任？

② 在工作过程中，经常发生哪些危及身体和心理健康的事(如疾病、工伤、压力及情绪、和下属发生冲突等)？

③ 平时的工作中如何安排单位的工作，这样安排是否有利于下属的身心健康和安全？白班和夜班过程中，下属遇到的压力事件有什么不同？

④ 是否对矿上的作业流程非常熟悉？当你的下属在工作过程中，什么情况下会出现违反作业流程的行为？

⑤ 所在的企业曾经为缓解企业员工的压力提供过哪些帮助(如休假、住房补助、压力调适课程等)？在入职培训过程中，应该加强哪些与工人的安全健康和压力管理控制相关的内容，以缓解在工作中面临的压力问题？

(2) 一线煤矿工人工作压力访谈大纲内容。

① 目前在哪个班组工作？除了目前这个岗位以外，以前还干过什么岗位？上班时间是否过长？

② 日常工作忙不忙，累不累？是否曾出现过度疲劳的情况，是什么原因导致过度疲劳，有影响到工作中的状态吗？

③ 在工作中经常遇到的压力有哪些，对自己有哪些影响(如情绪、睡眠等)？对工作造成的什么影响(如违章、打瞌睡、工作效率低等)？

④ 在工作过程中，经常发生哪些危及身体和心理健康的事(如疾病、工伤、情绪压力、和下属发生冲突)？

⑤ 白班和夜班过程中，碰到的让自己感觉压力的事情有什么不同？

⑥ 对岗位作业的标准流程是否清楚？当在工作中执行这些流程时，什么情况下会无法按照标准作业流程来工作？

⑦ 所在的企业曾经为缓解企业员工的工作压力提供过哪些帮助(如休假、住房补助、压力调适课程等)？在入职培训过程中，应该加强哪些与工人的安全健康和压力管理控制相关的内容，以缓解在工作中面临的压力问题？

根据专家建议和访谈效果，反复修正访谈大纲，确保收集资料的精确与完整，访谈过程中在征得被访谈对象允许的情况下进行全程录音，并同时进行文字记录；标注访谈对象的各种情绪反应，保证访谈资料的完整度。

3.2　基于扎根理论的访谈信息质性分析

在访谈开始前，可在访谈单位的协助下选择受访的对象，取得这些受访煤矿工人的同意之后，约定接受访问的时间和地点，每次访谈的过程都应有专人记录。

访谈之前和每一位受访者进行沟通，在双方自愿约定的基础上向受访者提供访谈大纲，由专门的访谈记录人员进行访谈，每次访谈的时间控制在 2 h 以内。

访谈过程中也不限制谈话过程中的内容，通过开放式的谈话，让受访者陈述其经验及看法。对于访谈过程中出现的不太清晰的表达，访谈结束后与被访谈者深入沟通，以便搞清其真正含义，获得比较完整的资料。

本访谈以访谈案例数量方面的资料达到饱和时截止，也就是说一直到所获得的资料没有再出现新的编码类别时就停止进行进一步的访谈。

基于扎根理论的煤矿工人工作压力研究流程如图 3.1 所示。

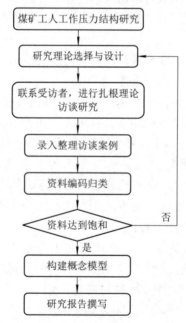

图 3.1　基于扎根理论的煤矿工人工作压力研究流程

对访谈所获取的全部资料的分析在扎根理论的框架下进行，对访谈记录中的工作压力因子进行辨识，以真正提取出煤矿工人工作压力的核心范畴。由扎根理论的操作流程可知需要开放性编码、主轴编码和选择性编码三个阶段才可以完成这项工作。

3.2.1　编码原则

访谈资料逐字记录，在不掺杂任何个人感情的情况下详细研究原始访谈记录，根据被采访对象所表达的意思，对访谈记录进行开放性编码。

3.2.2　研究信效度

1. 编码内容效度分析

在研究过程中，为了充分保证研究的效度，避免受访者在访谈过程中出现歧义表达或者其他情况，一般在和受访者充分沟通、约定访谈时间和地点的基础上，在受访者同意的前提下进行录音，同时注意记录受访者的各种表情与微观反应，采用开放式访谈，在访谈过程中不打断受访者的任何回答，能让其在尽量放松的情况下阐述自己的看法和感受。访谈过程中如果对访谈内容有疑问，也要及时和受访者沟通，同时鼓励受访者随时提出自己的疑问。双方在访谈过程中尽量及时沟通，弄清访谈内容，确保访谈结果的真实性和准确性。

2. 编码内容信度分析

针对部分访谈对象同时进行焦点团访谈和深度访谈，收集访谈资料，并进行文字录入。在分析资料的过程中，如果出现不清晰和有歧义的问题，应及时征询专家的意见，通过会议讨论弄清资料所代表的真正、准确的意义，最大程度减少资料的偏差，增加访谈资料的信度。

3. 煤矿工人工作压力编码内容信度分析

在检验编码人员对各个单元编码的一致性方面，选用等级方法进行检验，计算 Kendall 一致性系数 W，卡方检验结果显示 W 系数显著，进而说明编码者间的编码信度有良好的一致性。方差分析结果如表 3.5 所示。

表 3.5　编码数据的方差分析

方差来源	SS	DF(自由度)	MS(均方)	F
编码者间	0.25	2	0.13	
分析单元间	40.21	23	1.75	18.21
剩余方差	4.42	46	0.10	
总和	44.88	71	0.63	

注：$p < 0.01$，p 指置信概率。

4. 煤矿工人工作压力编码内容效度分析

内容效度的测量通过"内容效度比"(Content Validity Ratio，CVR)这一指标进行，计算公式如式(3.1)，主要目的是找到专家判断测量内容与实际测量内容的联系程度。

$$CRV = \frac{n_e - N/2}{N/2} \qquad (3.1)$$

式中，n_e 代表持项目可以有效并可信地反映所要求测量的内容范畴这一观点的专家人数；N 代表所有专家的人数。由式(3.1)可知，专家认为项目内容合适的人数不到总人数的 50% 时，CVR 为负值；所有专家都认为内容不合适时，CRV = −0.00；当各有 50% 的专家意见相左时，CRV = 0；当全部专家都认可项目内容时，CRV = 1.00[177]。

计算三位编码处理者对各分析单元编码结果的 CRV 值，结果显示有 20 个分析单元的 CRV = 1.00；4 个分析单元的 CRV = 0.33。由此可知研究的编码结果具有较好的内容效度。

3.2.3 基于开放性编码的概念化/范畴化

在进行扎根理论研究启动阶段，研究者要对调研的初始数据和资料进行一字不漏的分析，从而能够发现真正与研究有关、具有情境意义的典型事件，为了在接下来的研究中追踪这一事件，需要使这些典型事件概念化/范畴化。

1. 研究流程

在对访谈的原始记录资料进行整理和编码的过程中，每一份访谈资料都需要由两个人进行数据处理。在编码中，尽量保证资料的完整度，全面发掘与煤矿工人工作压力有关的关键词汇、语句以及事件，反复搜寻，直到资料搜集没有新发现为止。对这些发掘出的新信息在编码的基础上重新进行专业性命名，命名的依据可以是调研过程中的发现，也可以是专家给出的专业意见，但是必须要能够真实地反映出煤矿工人工作压力这一问题的实质[178]。

对于重复的概念要进行有关的分类和整理，从各个类似的概念中提炼出更有代表性的概念，从而归纳出有用的有关煤矿工人工作压力的范畴。在研究过程中，还要把提炼出的有关煤矿工人工作压力的概念/范畴的命名与具体的调研背景和情景结合，深入分析和归纳煤矿工人工作压力概念/范畴的关系，梳理其内部的逻辑关系。

2. 开放性编码分析示例

本研究以煤矿工人工作压力作为主要范畴，举例说明开放性编码的方法，详细过程如下：

访谈者李：能说一下平时的工作环境吗，工作场所的自然环境怎么样？

被访谈者王：煤矿企业你也知道，大部分都离城市很远，尤其是近年来新发现的煤矿。

概念：远离城市，工作环境单调，工作重复，容易劳累过度，环境压力大。

被访谈者多次提到工作环境单调，工作容易疲劳，这意味着工作环境压力可能是煤矿工人工作压力的重要组成部分。

注意被访者在访问过程中反复提到环境比较差，留不住人，有时工作时间超长，往往让人难以接受，这说明环境带给煤矿工人较糟糕的感受，即工作的舒适度和舒心程度较低，带来的不良心理影响已经比较大了；被访者说道，容易劳累过度，这说明被访问对象对工作环境过于单调也是无可奈何，往往希望能够改变，但是为了生活只能接受。

3.2.4 基于主轴编码的主范畴化

在开放性编码研究过程中提炼出了针对煤矿工人工作压力这一主题的有关概念，同时也发掘出了各个概念之间的初步逻辑关系，通过分析与合并将同类概念进行了整合；接下来为了将我们提炼的假设推广到更普遍的适用范围，本书将所有调查案例中的概念、范畴、假设关系等进行系统梳理和整合，对从各个调研案例提炼出的相关结论与假设，进行科学抽样、整理与验证，最终得到相对稳定的研究概念定义与关系假设。通过对案例中的概念进行进一步提炼，找到有代表性的典型概念。下面以"职业发展"这一案例部分引文为例进行说明。

"单位会给我们很多外出学习的机会，会进行优秀干部公开选拔，感觉工作中还是很有干劲的。"

"领导很支持我个人的发展，只要争取还是有很多渠道发展的。"

"工作只要作出成绩，一定能够有所发展。"

"单位竞聘制度非常好，经常有兄弟单位的工友想跳槽来我们单位。"

"晋升过程非常公开、透明，无论自己能否晋升，都心服口服，服从组织安排。"

与此同时，在可能的情况下对已有范畴进行进一步的概念扩充，对具有一定逻辑关系的概念进行合并，归纳出新的范畴。

经过上一步骤的范畴整合，范畴之间的逻辑关系逐渐清晰。基于扎根理论，对煤矿工人工作压力进行归纳，归纳方法采用归纳整理法，将扎根理论的研究过程尽量用直观的方式展现出来，体现扎根理论的研究实质，即不断从表象中抽取共同因素，进行理论研究。煤矿工人工作压力开放编码与主轴编码如表3.6所示。

表3.6 煤矿工人工作压力开放编码与主轴编码

主轴编码		开 放 编 码
工作环境	工作条件	工作环境比较潮湿，而且井下噪声大，长此以往，影响自己的身体健康，往往都有关节炎、听力下降、尘肺病等问题，设备陈旧、故障率高，因此压力很大
	工作量	煤矿为了完成生产任务，加班是常有的事，工作中往往时间紧、活多、任务重
	工作对象	非常枯燥，长期在噪声等环境中工作，影响身体
	工间休息	基本没有休息时间，长时间工作感觉很疲惫
岗位责任	班长安排	安排非常随意，根据领导好恶，往往出问题的时候责任非常大
	工作方式	各个岗位责任不同，面对突发事件处置方式不同
	岗位任务	有时并不清楚自身的岗位职责
人际关系	工友关系	表面合作，实际上很难交流，沟通过程中往往相互不服气，导致无法和睦相处
	领导关系	领导一言堂，权威式领导，下级员工发言权有限
	社会关系	人情往来等非常多，有时候感觉自己的精力和时间都不足
职业发展	晋升通道	领导说了算，自己总是感觉不公平，单位晋升不公开、不透明，有时候感觉很失望
	职位供给	领导岗位较少，问题处理流程较长
	进修机会	进修机会非常少，也没有其他更好的办法
	轮岗机会	轮岗范围很狭窄，多为基层一线岗位，想喘口气都很难
家庭环境	家庭支持	家里对我的工作还算支持，只是有时候他们还是期望我能找个更安全点的工作
	家务负担	老人不在身边，老婆上班忙，做家务是个头疼的事情
	经济负担	单位效益不好，这两年单位的工资都不是很高
	子女负担	孩子开销比较大，一般两个孩子一年的开销在三到四万块左右。矿上的学校也不是很好，送到城里上学的话，开销更大。平时攒不下什么钱，一年很大一部分收入都用在子女上学上了

续表

主轴编码		开 放 编 码
组织体制	执行制度	执行过程牵扯到各种各样的人际关系，矿上各项工作的执行都有难度，安全学习、安全考核也非常严格
	考核制度	矿上的各项考核制度也非常多，但是有个别考核制度和煤矿实际情况并不契合
	沟通渠道	自己的一些意见和建议在向上级反映的时候感觉有困难，矿长信箱等和摆设一样，自己有时候进矿上的行政楼还遭到行政楼保安的阻拦。吃饭的时候我们在职工食堂，领导都在专门的领导食堂，想让领导看看职工食堂水平多差也非常难
	收入分配	感觉工资收入项目并不是很透明，各种处罚项目过多，工资水准也和自己的付出不相符，一年下来奖金兑现得也比较慢，赶上家里急需用钱的时候，更是手足无措
	利益冲突	在煤矿安全生产工作当中，安全第一和生产进度往往发生严重的冲突。在工作过程中会面临很多问题，往往为了生产进度对安全就放松了许多，自己虽然感觉不是特别好，但是为了工资也没有什么办法。和直属领导也有时候会有所冲突，并没有太多的处理方法

通过对主范畴、副范畴的进一步对比，得出煤矿工人工作压力的主要构成要素，采用主轴编码的方法，经过反复讨论、分析、归纳、提炼，最终得到了煤矿工人工作压力的 19 项主范畴和 34 项副范畴，19 项主范畴频次表如表 3.7 所示。

表 3.7　煤矿工人工作压力主范畴频次表

排序	工作压力	频次	百分比	排序	工作压力	频次	百分比
1	工作环境	37	100%	11	轮岗机会	19	51%
2	岗位地位	34	91%	12	考核压力	23	62%
3	家庭压力	31	84%	13	家务负担	25	68%
4	单位压力	29	78%	14	子女上学	21	57%
5	职业发展	31	84%	15	违章罚款	29	78%
6	人际关系	32	86%	16	工作时间	27	73%
7	经济压力	33	89%	17	社会地位	21	57%
8	上升空间	26	70%	18	领导方式	26	70%
9	工作量	31	84%	19	沟通渠道	25	68%
10	工作方式	24	65%				

3.2.5　基于选择性编码的核心范畴化

通过上述研究流程，根据 33 位煤矿工人的访谈资料，煤矿工人工作压力的 6 个核心范畴和 19 项主范畴被确定下来。在此基础上，为了更深入地了解煤矿工人工作压力模型，下面对煤矿工人工作压力进行选择性编码。

通过选择性编码，我们进一步确定了煤矿工人工作压力的 6 个核心范畴，分别是工作环境、岗位责任、人际关系、职业发展、家庭环境和组织体制。各个核心范畴与煤矿工人工作压力主范畴有一定的对应关系，煤矿工人工作压力的核心范畴与主范畴的对应关系如表 3.8 所示。

表 3.8　核心范畴与主范畴的对应关系

核心范畴	主范畴
工作环境压力	工作环境、工作量
岗位责任压力	岗位地位、单位压力、违章罚款
人际关系压力	职业发展、领导方式、沟通渠道、人际关系
职业发展压力	上升空间、轮岗机会、社会地位
家庭环境压力	家庭压力、经济压力、家务负担、子女上学
组织体制压力	工作方式、考核压力、工作时间

3.3　基于扎根理论的煤矿工人工作压力初始模型构建

3.3.1　工作压力具体类型分类介绍

根据上述研究，通过开放性编码、主轴编码和选择性编码三个阶段，将访谈文本信息归纳提炼出 19 项主范畴，并最终归纳融合为 6 个核心范畴，分别是工作环境压力、岗位责任压力、人际关系压力、职业发展压力、家庭环境压力和组织体制压力。

为了在煤矿工人工作压力概念界定的基础上更加深入地理解"煤矿工人工作压力结构模型"的核心范畴要素，根据以上研究对这些要素进行解释和分析。

1. 工作环境压力

根据前文扎根理论的分析，煤矿工人在工作中普遍面临的问题就是工作环境相对于其他行业而言相当恶劣。矿下环境阴冷潮湿，充斥着煤灰和可燃气体，他们常常自嘲地说，工作环境是"三块板加一块肉"——吃喝拉撒都在两个侧板和一个顶板构成的小小空间中进行，一切都很不方便。80%以上的煤矿工人认为工作环境非常差，这和煤矿地下工作环境特点有非常大的关系。大部分情况下，除了常见的冒顶漏顶、瓦斯爆炸等致命事故，砸伤、碰伤都很常见。损害工人们健康的最大因素是潮湿、噪声和粉尘。通常在采掘面上互相都听不到说话，人出来从里到外都是黑的，所以煤矿工人一般都有职业病——长期听力损伤和矽肺。作业面工作的工人如果戴一般的面具，当天就会被粉尘堵塞报废；而且，井下本来就闷，戴面具会觉得很难受，所以即便有防尘面具，很多工人都不用。

从传统的炮采到目前大型的综采技术的实施，从几万吨的小型煤矿开采到百万吨大型煤矿开采，井下工作环境一直在不断地改善与提升，包括井下空气质量、井下机械设备的可操作性、井下的噪声和粉尘控制、井下高温环境等的井下工作环境都得到了有效提升，但是也面临着一些新的挑战，特别是对新生代员工来说，进入工作岗位之后面临更多挑战。

2. 岗位责任压力

在应用扎根理论进行相关调研的过程中，了解到在进入井下工作前，各个岗位面临的安全生产责任都比较重，各个岗位工作人员的工作压力主要由其工作岗位的生产责任和安全责任构成，如掘进工在上岗前必须经过专业知识和安全培训，同时认真学习三大规程有关规定，在上岗考试合格后方能上岗。在工作中，既要严格执行敲帮问顶制度，及时清理掘进机和铲板后两侧浮货，又要听从领导指挥，互相配合打锚杆，完成铺网、连网、锚索支护等工作。同时，由于工作面不断向前推进，每进15 m延一次溜子，每进100 m延一次皮带，工作过程中需要高度配合和精神高度集中，基本没有休息时间。事故一旦发生，造成的伤亡和损失都比较大，所以工作中的安全生产责任都比较重，带来的工作压力也比较大。

3. 人际关系压力

根据扎根理论的前期研究，从人际关系来看，人际关系压力比较大的煤矿工人占工人总数的70%以上。这主要因为煤矿工人工作性质特殊，常年三班倒，工作辛苦，工作时间长，缺乏日常的交际；煤矿工人的人际交往往往局限在自己的矿区内，与周边村落和社区的交际较少；在工作过程中，由于环境单调，工作量较大，往往导致煤矿工人工作过程中的精力主要集中在生产任务上，疏于同事之间的沟通。

根据扎根理论的相关调研，对于煤矿工人人际关系压力，虽然日常的人际交往不存在什么问题，但是在日常工作过程中由于思维差异和意见分歧，大家总会有一定的分歧，这对整个班组的人际关系影响就比较大。在井下工作的煤矿工人都比较年轻，大部分面临的另一个问题是角色的转换，毕业工作之后马上面临着结婚、成家立业等，这些都会导致自身角色的变化。从以前的学生和孩子，变成了工人、丈夫、父亲这样多重的角色，种种角色下人际沟通方式都不一样，往往也会给煤矿工人造成很大的压力。

由于煤矿工人人际关系的欠缺，煤矿工人往往沉浸在自己的工作中，导致自我封闭的问题。在工作中煤矿工人缺乏自信，常常会躲开日常的人际交往，变得孤独，甚至有时候会出现轻微自闭的问题。

4. 职业发展压力

煤矿岗位相对固定，一般分为一线生产工人和二线机关工作人员。一线员工的岗位流动性也比较低，大部分员工的学历比较低，为中等职业技术学校毕业，少数拥有本科和研究生学历。

调研过程中发现煤矿工人比较规范的工作时间是三班倒，每次下井的工作时长都会超过 8 h，在生产任务重的情况下甚至会达到 12 h 的工作时长。下井过程很复杂、危险，井口一般都要清点和登记人数，班组长要签字。下到深度大的矿井需要挖竖井，井深在 500 m 到 2000 m 不等，一般乘电梯下去，从下井到工作面需要 1 h 以上，沿途乘坐交通工具充满各种风险，同时也占据煤矿工人大量的时间，基本上每班煤矿工人工作的时间加上上下井的时间会超过10 h，有时甚至会达到 12 h，几乎超出了煤矿工人的生理极限。这也导致了在职业发展方面煤矿工人没有足够的时间去进修学习，提升自身的能力，工作几年后往往会遇到职业发展瓶颈，即便遇到很好的晋升机会，也往往由于学历不够、理论水平缺失而与机会失之交臂。

5. 家庭环境压力

根据前期扎根理论调研情况，50%以上煤矿工人日常工作时间都在 10 h 以上。参加调研访谈的煤矿工人普遍认为自己的工作时间太长了，休息和照顾家人的时间得不到保障；此外，80%以上的煤矿工人家庭都有孩子上学，对每个煤矿工人家庭而言，子女读书的费用也是一大笔开销。

大部分煤矿工人都参加了社保，但是商业保险一般都对此类工种拒保。很多煤矿工人家庭情况非常类似，都是自己在井下打拼挣钱，而妻子大多没有正式工作。因为大部分矿区地处偏远，当地合适的工作并不多，并且煤矿工人家中子女也需要有人照顾，往往妻子并没有过多的精力去工作。这无形中又增加了煤矿工人的家庭负担。

6. 组织体制压力

在企业体制改革后，大部分煤矿从之前的国有企业全部转化为自负盈亏的多元化控股企业。大部分煤矿工人的身份都是企业编制，而非事业编制，煤矿工人的工资等收入水平与煤矿的生产效益和单位制度息息相关。大部分煤矿工人往往有很深的忧患意识，对于企业的发展前途并不了解，因而这些煤矿工人无法真正参与到企业的中长期战略规划中。单位在董事长总经理负责制下，各方面压力都向下传递，各方面的规定都结合企业的绩效而定，而对于基层煤矿工人的诉求往往考虑不足，组织体制过于僵化，缺乏晋升通道，造成了煤矿工人过大的工作压力。

3.3.2　煤矿工人工作压力概念内涵与外延

煤矿工人工作压力这一概念自身有其特定的内涵和外延，这是煤矿工人工作压力概念的基本特征。

煤矿工人工作压力概念的内涵指煤矿工人工作压力这一概念所反映的煤矿工人工作压力的含义和本质属性。煤矿工人工作压力外延指煤矿工人工作压力这一概念所适用的具体范围。

1. 煤矿工人工作压力概念的内涵

"压力"这一概念是从英文的"Stress"这一特定词汇引入国内的，"压力"概念的基本内涵是指个体为了满足自身各种类型的需要而产生的适应性反应[179]。而工作压力是指当个体被迫偏离正常的或希望的生活或者工作方式时表现出的不舒适感[180]。

近年来在对煤矿工人个体工作压力的研究中，相关学者对煤矿工人工作压力有着大量和深入的研究，叶新凤(2014)[181]将煤矿工人工作压力定义为由于工作环境、工作要求、工作期望等超出了煤矿工人能够忍受的极限，造成的煤矿工人生理与心理的焦虑状态，并将煤矿工人工作压力分为环境压力、操作压力、管理压力和发展压力4个维度；刘芬(2014)[182]研究认为工作压力指能对员工的工作行为造成不良影响的因素作用于个体时其所产生的生理、心理和行为上的反应；陈丽(2008)[183]认为煤矿工人工作压力主要由社会压力、组织压力、工作特征压力和个体压力造成，同时受到工人年龄、文化程度、工龄等的影响；李芳薇等(2012)[184]重点研究了煤矿工人在工作过程中所面临的工作环境压力对煤矿工人反生产行为的影响。

综合上述分析，根据本书采用的扎根理论方法并结合国内外有关工作压力的相关研究成果，从煤矿生产企业员工角度出发，将煤矿生产企业煤矿工人的工作压力初步定义为：煤矿工人面对煤矿生产单位单调、危险的工作环境，其身心与矿区相对单调和恶劣的工作环境长期相互作用，对煤矿工人生产工作状态造成负面影响的各类因素相互叠加，并不断作用在煤矿工人个体身上，煤矿工人会产生一种被压迫的感受，这种感受经常性地伴随着煤矿工人工作过程而持续存在，我们称之为煤矿工人的工作压力。

2. 煤矿工人工作压力概念的外延

煤矿工人工作压力概念的外延是指对煤矿工人工作压力内涵表述的具体化，也就是该概念所适用的范围。在本书研究过程中，我们明确煤矿工人工作压力包括煤矿工人所面临的工作环境压力、岗位责任压力、人际关系压力、职业发展压力、家庭环境压力和组织体制压力6个方面。

首先，煤矿企业一般情况下远离城市，相对独立；煤矿工人群体的家属一般为了家中父母赡养和子女的教育很多都在城市居住，离矿区生活较远。煤矿工人的工作环境也较为单调，在前期调研过程中个别小型煤矿甚至没有配备相应的医务室，工人生病和身体不舒服都要打车去周边的村庄买药，大病要请假去城内看病；煤矿企业生产特点又是全年无休、三班倒制度，煤矿工人长期生活在单调的工作环境中，受到周围环境的影响很大，容易产生压迫感和疲劳感，从而产生一定的工作压力。

其次，在煤矿安全生产过程中，为了保证生产的效率，必然存在煤矿管理层对基层煤矿工人的监督管理，这也会让煤矿工人感觉到自身的岗位责任压力与单位体制的压迫感。

再次，煤矿工人在工作过程中自身的心理状态也会对工作压力的产生有很大的影响，包括煤矿工人的人际关系处理能力、对家庭压力的承受能力等，心理承受能力较脆弱的个体则更容易产生压力感。

最后，煤矿工人工作过程中产生的压力必然会带来一系列的影响，这些影响是多重的，影响煤矿工人身体的同时也影响着煤矿工人的心理，在工作压力的持续作用下还可能会引起煤矿工人产生其他的问题，这说明煤矿工人工作压力具有复杂性。

3.4　煤矿工人工作压力结构模型实证检验

上文中煤矿工人工作压力初始模型主要基于扎根理论抽象而来，会受到煤矿工人与相关的研究人员的个体因素差异的影响，有可能造成模型与现实情况不匹配的问题。本节采用实证调研的方法对煤矿工人工作压力模型进行检验，以获得最终的煤矿工人工作压力结构模型。

3.4.1　调查问卷的设计

王重鸣(2001)[185]认为问卷调查方法是一种精确和科学的实证研究方法。本节的研究主要是在前文扎根理论对煤矿工人工作压力模型初步抽象的基础上，通过构造结构化量表问卷，对煤矿工人工作压力结构进行抽样调查测量。问卷结合前文所设计的模型，借鉴相关成果，根据问卷设计要求编制，能够科学地对煤矿工人工作压力进行定量测度。

根据煤矿工人工作压力初始模型的 6 个核心范畴和 19 个主范畴，编制煤矿工人工作压力调查问卷。其主要包括两大部分：① 调查对象的个人信息，包括其年龄、性别、学历、工作年限、工作岗位等；② 煤矿工人工作压力的具体维度，包括工作环境压力、岗位责任压力、人际关系压力、职业发展压力、家庭环境压力和组织体制压力。

3.4.2　煤矿工人工作压力测量问卷修订

根据扎根理论研究结论，对煤矿工人访谈和自我报告中最常出现的工作压力进行归纳，把管理者的工作压力归纳为 6 个维度 27 项的结构模型。

在问卷的编制过程中参考了 Ivaneevieh(1980)等设计的压力诊断性量表(Stress Diagnosis survey)、Cooper(1988)等的设计 OSI(Occupational Stress Indicator，工作压力测量指标体系)以及 Oi-ling Siu(1999)等在对中国台湾地区和中国香港地区地方管理者工作压力的比较研究中所使用的压力测量量表。

最终的煤矿工人工作压力量表被整合为 6 个维度的测量内容，共含 27 个问项。

3.4.3 样本的基本情况及统计方法

共发放煤矿工人工作压力调查问卷 900 份，问卷发放以电子版本和纸质版本结合的方式，最终回收了 772 份，去除作废问卷 6 份，实际有效问卷 766 份，问卷回收情况统计见表 3.9。

表 3.9 煤矿工人工作压力测量调查问卷回收情况

类型	份数	回收数量	有效数量	回收率	有效回收率
电子版本	300	219	217	73%	72%
纸质版本	600	553	549	92%	92%
合计	900	772	766	86%	85%

3.4.4 调查对象基本情况分析

在发放问卷的调研过程中，尽可能取最大的样本量，在陕西、山西、河南、甘肃等地区不同的煤矿生产企业进行的问卷发放工作中，尽量采用面对面现场填写的方式，避免个别工人填写问卷中出现的理解不到位或者不认真填写的情况。

900 名调查对象中，由于煤矿一线生产工作性质的限制，在井下从事一线生产工作的煤矿工人均为男同志，所以调查问卷所有填写者均为男性，工龄为 1～3 年的占 50.7%，调查对象的基本情况见表 3.10。由表 3.10 可知，大部分井下生产一线工人的年龄不是特别大。

表 3.10 调查对象基本情况

属性	分类	人数(总人数 $N = 766$)	比例/%
年龄	25 岁以下	314	41.0
	26～35 岁	289	37.7
	36～45 岁	93	12.1
	46～55 岁	48	6.3
	56 岁以上	22	2.9
班组	生产班组	541	70.6
	辅助班组	225	29.4

属性	分类	人数(总人数 $N = 766$)	比例/%
最高学历	初中及初中以上	163	21.3
	高中、职高、中专	301	39.3
	大专	197	25.7
	本科	93	12.1
	研究生	12	1.6
婚姻状况	已婚	418	54.6
	未婚	340	44.4
	丧偶	3	0.4
	离异	5	0.7
工龄	1～3 年	388	50.7
	3～6 年	249	32.5
	6～15 年	69	9.0
	15 年以上	60	7.8
子女年龄	无	342	44.6
	1～10 岁	240	31.3
	11～16 岁	107	14.0
	16～22 岁	54	7.0
	23 岁以上	20	2.6

3.4.5　条目信度分析

本书采用同质性信度指标，即 Cronbach's Alpha 系数，检测调查问卷各项目间的一致性。工作环境压力、岗位责任压力、人际关系压力、职业发展压力、家庭环境压力和组织体制压力 6 个维度的 Cronbach's Alpha 系数分别为 0.73、0.71、0.63、0.52、0.58、0.54，均在可以接受的范围内，分半系数为 0.5～0.8，总条目的 Cronbach's Alpha 系数为 0.772，分半系数为 0.763，提示量表信度良好，具体如表 3.11 所示。

表 3.11　煤矿工人工作压力的 6 个维度条目信度分析

维度	条目数量	Cronbach's Alpha 系数	分半系数
工作环境压力	7	0.73	0.725
岗位责任压力	7	0.71	0.687
人际关系压力	4	0.63	0.631
职业发展压力	3	0.52	0.486
家庭环境压力	3	0.58	0.521
组织体制压力	3	0.54	0.506
总条目	27	0.772	0.763

3.4.6　探索性因子分析

煤矿工人工作压力探索性因子分析是指，根据条目之间的协方差矩阵，对大量的因子条目降维，从而更加清晰、简洁地刻画整个煤矿工人工作压力结构模型的构成。

在进行探索性因子分析之前，需要进行条目相关系数矩阵分析(即 Pearson 分析)，保证条目之间存在相关关系。采用 Bartlett 球形检验、KMO(Kaiser-Meyer-Olkin)检验判断所选条目是否适合作分析因子。

根据有关统计学原则，当 KMO 系数为 0.7～0.8 时，可以作因子分析。通过 SPSS22.0 软件进行 Bartlett 球形检验与 KMO 检验，结果表明，KMO 系数为 0.767；Bartlett 卡方值为 2636.726，$P<0.001$，达到显著性水平，提示研究数据适合作因子分析。

选用主成分分析法进行探索性因子分析，经最大正交旋转(Varimax Orthogonal Rotation)之后，因子解释贡献率统计见表 3.12。通过观察结果中的特征根确定所得因子的数量。

表 3.12　因子解释贡献率统计

因子	特征根	解释方差百分比/%	累计解释方差百分比/%
1	3.257	12.062	12.062
2	2.384	8.831	20.893
3	1.835	6.796	27.689
4	1.606	5.948	33.637
5	1.542	5.709	39.346
6	1.420	5.260	44.606
7	0.939	3.476	48.082
8	0.889	3.292	51.374

工作压力载荷图(碎石图)如图 3.2 所示。对碎石图进行聚类分析可知，前 7 个因子的斜率较大。前 7 个因子的特征根急速下降之后慢慢趋于平缓，根据碎石图 3.2 的弯折点，同时根据特征根大于 1 的原则，我们得出将煤矿工人工作压力的构成由 27 个因子降至 6 个因子为宜。再结合前文通过扎根理论分析所得出煤矿工人工作压力构成的研究结论，煤矿工人工作压力也主要由 6 个维度构成，包括工作环境压力、岗位责任压力、人际关系压力、职业发展压力、家庭环境压力、组织体制压力等。这与聚类分析结果相互印证，进一步说明煤矿工人工作压力的基本结构由 6 个维度构成。

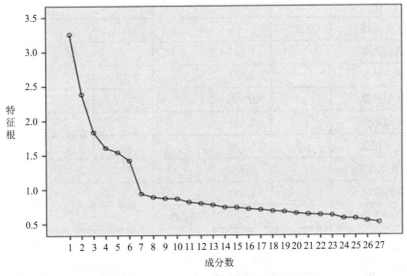

图 3.2　工作压力因子载荷图(碎石图)

旋转后的因子载荷矩阵如表 3.13 所示，可以看出所有因子的载荷均大于 0.5，表明因子分析的结果比较理想。根据 6 个因子所负载的条目内容，对 6 个因子命名。

表 3.13　旋转后的因子载荷矩阵

导致工作压力的情况	因子 1	因子 2	因子 3	因子 4	因子 5	因子 6
	工作环境压力	岗位责任压力	人际关系压力	职业发展压力	家庭环境压力	组织体制压力
整体环境	0.646					
防护设施	0.642					

导致工作压力的情况	因子 1 工作环境压力	因子 2 岗位责任压力	因子 3 人际关系压力	因子 4 职业发展压力	因子 5 家庭环境压力	因子 6 组织体制压力
劳保用品	0.614					
工作空间	0.610					
工作噪声	0.602					
工作湿度	0.598					
工作光线	0.575					
劳动强度		0.647				
加班情况		0.635				
班中休息		0.600				
岗位职责		0.588				
自身权责		0.584				
临时性工作责任		0.579				
工作验收标准		0.561				
领导指挥情况			0.702			
与工友利益冲突			0.679			
班组沟通情况			0.676			
工作孤独感			0.649			
上级支持情况				0.734		
晋升通道情况				0.729		
个人发展空间感受				0.707		
家人支持理解情况					0.747	
抚养子女压力					0.720	
家庭经济与家务负担					0.679	
煤矿奖励情况						0.726
制度合理性						0.696
机构设置合理性						0.683

因子 1(其载荷值用 a 表示)包括整体环境、防护设施、劳保用品、工作空间、工作噪声、工作湿度、工作光线等，这些都与煤矿工人的工作环境有关，故确定命名为"工作环境压力"；

因子 2(其载荷值用 b 表示)包括劳动强度、加班情况、班中休息、岗位职责、自身权责、临时性工作责任、工作验收标准等，这些都与自身岗位的职责有关系，故确定命名为"岗位责任压力"；

因子 3(其载荷值用 c 表示)包括领导指挥情况、与工友利益冲突、班组沟通情况、工作孤独感等，这些都与人际关系的处理有密不可分的关系，故确定命名为"人际关系压力"；

因子 4(其载荷值用 d 表示)包括上级支持情况、晋升通道情况、个人发展空间感受等，故确定命名为"职业发展压力"；

因子 5(其载荷值用 e 表示)包括家人支持理解情况、抚养子女压力、家庭经济与家务负担等，故确定命名为"家庭环境压力"；

因子 6(其载荷值用 f 表示)包括煤矿奖励情况、制度合理性、机构设置合理性等，故确定命名为"组织体制压力"。

3.4.7　验证性因子分析

本书采用验证性因子分析方法对煤矿工人工作压力结构模型因子进行验证，并进一步证明煤矿工人工作压力模型合理性，采用 Mplus7.4 对数据进行验证性因子分析。

常用模型评价指数有：拟合优度检验($x_2/df < 2$ 时，拟合度可以接受)、比较拟合指数(CFI)、非规范拟合指数(NNFI)、误差均方根(RMSEA)。NNFI、CFI 通常取值范围为 0～1，数值越接近 1，表示模型拟合度越好，一般 0.8 以上即可接受；RMSEA 小于 0.08 表示模型可以接受，小于 0.05 表示模型拟合度较好。判断模型拟合的好坏，一般需要结合几个评价指数综合进行考虑。

本研究中，$x_2 = 319$，$df = 309$，x_2/df 为 1.03，NNFI 为 0.995，CFI 为 0.995，RMSEA 为 0.007，均符合心理学与统计测量学标准且拟合较好，表明本研究中煤矿工人工作压力 6 个因子的结果模型能够较好地拟合工作压力的结构。模型结构的因子载荷如图 3.3 所示，均大于 0.40。最终确定煤矿工人工作压力结构模型如图 3.4 所示。

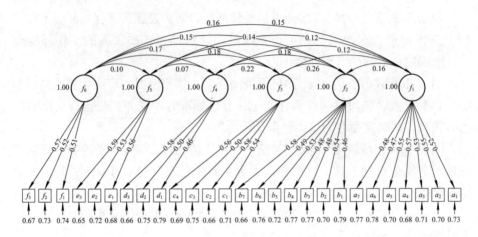

图 3.3　模型结构的因子载荷

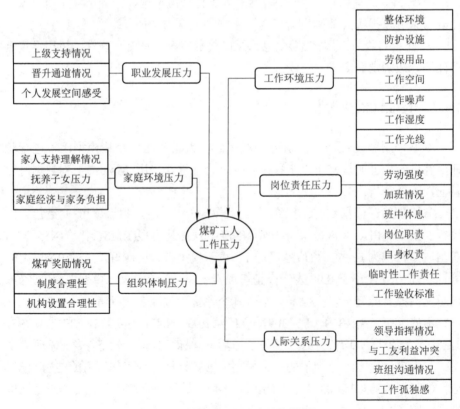

图 3.4　煤矿工人压力结构模型

本 章 小 结

本章通过定性分析与定量验证的方法研究了煤矿工人工作压力的构成。

首先选取一线生产岗位的煤矿工人作为调研对象，采用一对一访谈和焦点小组访谈的方式，应用扎根理论的方法，通过科学的研究流程初步建立了煤矿工人工作压力的构成模型。煤矿工人的工作压力由 6 个维度构成，包括工作环境压力、岗位责任压力、人际关系压力、职业发展压力、家庭环境压力和组织体制压力。

在扎根理论分析的基础上，进行煤矿工人工作压力结构模型的实证分析，首先借鉴国内外先进量表对煤矿工人工作压力问卷进行调整和改进，在修正问卷的基础上运用 SPSS22.0 进行煤矿工人工作压力构成的探索性因子分析，得到 6 个煤矿工人工作压力因子。

运用 Mplus7.4 进行煤矿工人工作压力构成的验证性因子分析，最终确定了煤矿工人工作压力的 6 个维度，包括工作环境压力、岗位责任压力、人际关系压力、职业发展压力、家庭环境压力和组织体制压力，这与本章运用扎根理论得到的 6 个维度结论一致，从定量的角度进一步验证了煤矿工人工作压力的结构维度。

第4章 煤矿工人工作压力传播规律模型构建与仿真实验分析

工作压力作为现代社会一类越来越普遍的社会现象，对工作压力的研究已经越来越受到相关学者的重视，但与工作压力的传播规律相关的研究并不是很多。这一情况的原因是多方面的，首先工作压力的传播是以人为主体的，是一个动态的、非线性的复杂过程，工作压力这一复杂感受的扩散受到个体特性、心理特性、周围环境的交互影响，相关学者一直在探寻合适的量化方法对其进行研究。

随着煤矿大型机械设备的自动化和规模化，对煤矿工人的各方面要求越来越高，煤矿工人在工作中面临的压力也越来越大。在组织行为学研究中，工作压力一直是研究的热点，重点集中在分析工作压力的构成，工作压力的前因变量、后果变量等问题，但是对个体在工作中产生的压力如何传播并转化为广泛的群体性的规律这一问题缺乏探索。煤矿生产中大量的安全生产违章甚至事故是由于工作压力过大而导致的操作失误引起的，而工作压力是个体工人在工作中所承受的各类压力因素的外化表征，具有极大研究价值。

在研究工作压力的传播过程方面，通过运用抽象模型进行研究，模型的有效性已经被相关研究所证明。因此，针对煤矿工人工作压力的传播扩散机制，尝试用数学模型分析和计算机仿真实验分析的方法进行研究，对完善相关工作压力研究以及预防和有效干预煤矿工人工作压力都具有重大的意义。

本章在前文定性研究的基础上通过计算机仿真实验分析的研究方法分析了煤矿工人工作压力传播过程中的传播规律，从传播动力学的角度对煤矿工人工作压力传播规律进行了研究，同时提出了基于熟人免疫算法的煤矿工人工作压力传播免疫策略。

4.1　煤矿工人工作压力传播模型的构建

4.1.1　煤矿工人工作压力传播模型

在实际的工作中，工作压力的传播往往发生于同事之间的非正式的谈话或者日常情绪流露。而非正式的谈话行为在学术研究过程中有专有的名字，称之为"流言"。20 世纪 60 年代戴利和肯达尔借鉴病毒传播模型构建了研究流言的典型模型，我们称之为 DK 模型，之后又出现了在小世界网络和无标度网络基础上建立的流言传播模型。

通过对基层煤矿工人的调研和分析来看，由于工作压力的产生具有多源性和不确定性的特点，同时，煤矿工人个体认知结构和抗压能力也不同，在遇到工作压力时表现出不同的反应，受工作压力影响，大致可以分为"严重"和"无所谓"两大类心理状态。

煤矿生产一线部门主要被分为各个班组，在日常的安全生产考评中，上级会层层分解任务和指标，煤矿工人扮演不同的角色，承担多个任务，煤矿工人的工作压力会不断积累。当煤矿工人压力强度达到一定程度时，就会发生质变，即压力状态转换。

领导会将各类任务分配下去，煤矿工人往往要按照领导要求，保质保量完成培训、学习、生产等多项任务。煤矿工人的压力往往是不断积累的，当压力越来越大的时候，就容易造成工人的负性情绪，进而在煤矿生产过程中造成不安全行为的出现。

对一线煤矿工人来说，工作压力是由领导带来的还是由班组长或师傅带来的，对煤矿工人的影响是不同的；同时也需要考虑到不同的关系远近对于工作压力的影响，譬如，这个压力是普通工友传播的还是由关系很近室友、邻居等带来的。这里就牵涉煤矿工人关系网中的节点权重和关系权重的问题。

压力状态是可以相互转化的。在研究过程中，除了工作压力免疫状态(本研究认为在免疫情况下煤矿工人的工作压力是不会进行传播的)外，煤矿工人其他的工作压力都处于可以双向转换的状态。

在工作压力对煤矿工人自身属性的影响方面，首先生产活动会造成煤矿工人体力和精神上的损耗，但同时又会从与同事的非正式沟通交流中得到一定的帮助和支持。当损耗大于获得的支持时，煤矿工人往往就呈现出一种高压力状态。煤矿工人处理压力能力的强弱决定于自身有效管理压力源(环境、安全、生活等)的能力。当煤矿工人因面对压力而情绪低落到某一临界点时，会产生很多负性行为，如工作分心、牢骚满腹、被动应付工作等问题。这时，我们可以判断工人处于高压力状态。

经典 SIR 传染病模型提出了种群中传播个体的三种基本状态，即易感染状态(Susceptible)、感染状态(Infected)和免疫状态(Resistant)，而且假设易感染者和感染者、感染者和免疫者之间存在一定的概率实现单向转化。

本书对经典 SIR 模型进行了改进，希望建立充分考虑煤矿工人工作压力传播特点的压力传播模型。模型尽可能考虑煤矿基层非正式群体传播渠道特征，将煤矿工人受到工作压力影响的情形进一步进行了细分，第一类是主动传播工作压力的煤矿工人(即主动传播压力者)，第二类为被动传播工作压力的煤矿工人(即被动传播压力者)。第一类是对于工作压力感受明显，容易受到影响和感染的煤矿工人，第二类则并不是特别在意工作中的压力，其对压力的反应也并不明显。第三类为容易传播压力的煤矿工人(即易传播压力者)，第四类为压力传播免疫者，其对压力传播免疫。压力传播的 SPNR 概念模型如图 4.1 所示。

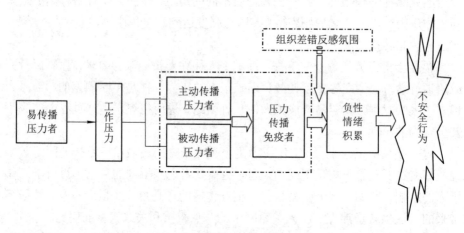

图 4.1　煤矿工人工作压力传播的 SPNR 概念模型

本书重新构建后的模型包含了 4 种类型的煤矿工人。如果用 Sc(t)、Pc(t)、Nc(t)和 Rc(t)分别表示各类型矿工在总体中所占的比例，则有 Sc(t) + Pc(t) + Nc(t) + Rc(t) = 1。由此，提出煤矿工人工作压力 SPNR 概念模型传播示意图如图 4.2 所示。

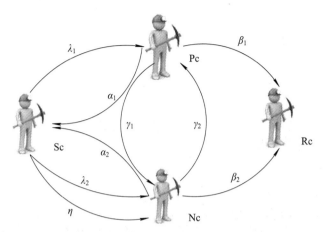

Sc—易传播压力者；Pc—主动传播压力者；Nc—被动传播压力者；Rc—压力传播免疫者

图 4.2　煤矿工人工作压力 SPNR 概念模型传播示意图

4.1.2　煤矿工人工作压力传播规则

仿真模型源于对真实系统的各类元素的提取与刻画。决定与影响煤矿工人工作压力传播的因素主要有工作压力传播者对工作压力大小的正确评估、工作压力传播过程中的沟通差异、接受工作的压力传播者的差异(主动传播压力者、被动传播压力者)、组织文化的差异等。对一线生产工人而言，其主要活动就是从事生产，通过自身和同事之间的相互协作进行日常工作，在工作的过程中工作压力也随之传播和扩散。

可以知道煤矿工人在传播工作压力的过程中，传播状态可以分为易传播压力(包括主动传播压力和被动传播压力)以及压力传播免疫，其传播规则如表 4.1 所示。

主动传播工作压力的煤矿工人(即主动传播压力者)和被动传播工作压力的煤矿工人(即被动传播压力者)最后会演化成压力传播免疫的煤矿工人(即免疫传播压力者)。但是在压力传播过程中，主动传播工作压力的煤矿工人和被动传播工作压力的煤矿工人都在聚集负性情绪，最终负性情绪的积累会导致工人不安全行为的产生，在工作压力和负性情绪之间有组织差错反感氛围作为调节变量。本章主要研究煤矿工人工作过程中的压力传播规律，并提出有效管控煤矿工人工作压力传播的方法，其他问题后续章节进行研究，暂时不考虑调节变量的作用，煤矿工人工作压力传播规则解释如表 4.1 所示。

表 4.1　煤矿工人工作压力传播规则解释

传播状态	规则解释
易传播压力状态	表示容易受到身边工友的影响或者压力在班组范围内传播后的一定时间内仍然对压力感受很敏感的人所在的状态
主动传播压力状态	表示受到工友工作压力的影响同时还将这种压力传递给工友的人所在的状态
被动传播压力状态	表示受到工友压力影响但是不再将压力进行扩散的煤矿工人个体所在的状态
压力传播免疫状态	表示不受工友工作压力的影响或在压力传播之后受到工作压力的影响不大，不再向外进行传播的一种状态

4.2　煤矿工人压力传播模型仿真情景与实验规则

4.2.1　工作压力井下仿真情景简介——以 MS 矿为例

MS 矿井于 1957 年动工建设，1970 年 7 月 1 日正式投产。矿井的设计生产能力为 0.6 t/a，服务年限为 35 年。根据煤矿生产的实际情况，由采区式准备走向长壁采煤法，运用综采工艺，矿井工作制度为三班采煤、一班准备。

井下生产系统简图如图 4.3 所示，井下生产流程为：从回采工作面 25 落下的煤炭，经区段运输平巷 20、采区上山输送机 14 到采区煤仓 12，在采区下部车场绕道 10 内装车，经阶段运输大巷 5、主要运输石门 4 运到井底车场 3，由主井 1 提升到地面。

巷道包括井底车场 3、主要运输石门 4 以及轨道上平台的绞车房附近区域 (9、10、11、12、13)。在日常的井下工作过程中，工人从副井进入井下工作面必然通过巷道 3 和巷道 4，然后经过巷道 9、10、11、12 再通过行人进风巷 13 进入工作面，在 19、20、21、23、25 各巷和大巷工作的工人都比较多，回风大巷 8 也有人在巡检，另外还有负责运输物料和人员的车辆，一个班基本上井下工作人员有 200 人左右。

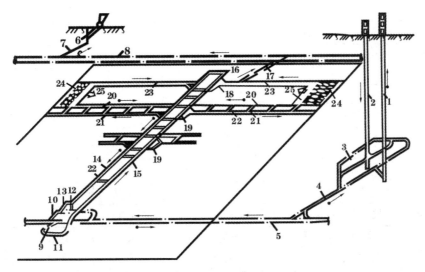

1—主井；2—副井；3—井底车场；4—主要运输石门；5—阶段运输大巷；6—回风巷；

7—回风石门；8—回风大巷；9—采区运输石门；10—采区下部车场绕道；

11—采区下部材料车场；12—采区煤仓；13—行人进风巷；14—采区上山输送机；

15—轨道上山；16—上山绞车房；17—采区回风石门；18—采区上部车场；

19—采取中部车场；20—区段运输平巷；21—下区段回风平巷；22—联络巷；

23—区段回风平巷；24—开切眼；25—回采工作面

图 4.3　井下生产系统简图

煤矿综采工作面班中各工种井下工作煤矿工人细目表如表 4.2 所示。

表 4.2　煤矿综采工作面班中各工种井下工作煤矿工人细目表

编号	工种	说　明	每班人员	班次	总人数
1	采煤工	(分工到 9 和 10 工种， 此处不统计)			
2	检修工		5 人/班	3	15
3	绞车司机	3 个绞车	6 人/班	3	18
4	皮带司机	很多	20 人/班	3	60
5	运输工		20 人/班	3	60
6	通风工		15 人/班	3	45
7	支架工		10 人/班	3	30

续表

编号	工种	说　明	每班人员	班次	总人数
8	采煤机司机		8 人/班	3	24
9	瓦斯检测员/安全监察员		5 人/班	3	15
10	泵工		2 人/班	3	6
11	管工		1 人/班	3	3
12	焊工		2 人/班	3	6
13	钳工		1 人/班	3	3
14	掘进机司机	1 个头	1 人/班	3	3
15	掘进工	1 个头	9 人/班	3	27
16	运输工	采煤运输工	4 人/班	3	12
		掘进运输工	5 人/班	3	15
		机电运输工	10 人/班	3	30
17	把钩工		6 人/班	3	18

煤矿交接班时间如下：

早班：8:00——16:00；

中班：16:00——24:00；

晚班：24:00——8:00。

井下工作往往面临着瓦斯、噪声、粉尘以及潮湿的威胁，工作环境艰苦。每次交班前要开班前会、吃饭，需要提前 2 h 准备，上班的时间指到达工作面的时间，如早班，在 8 点的时候就是在井下工作开始时间。下班后需要半个小时在井下工作面完成交接班，升井后到澡堂洗澡的时间应在下班后半个小时以后，因此忙完当天工作准备回家的最早时间已经是晚 9 点了。

4.2.2　煤矿工人工作压力传播仿真实验规则

本部分基于传播动力学、智能体模拟等方法，应用计算机仿真软件 NetLogo 对煤矿工人的工作压力传播模型进行模拟研究。针对 MS 煤矿日常工作中的压力扩散问题，研究了工作压力扩散规律，研究方法和结论将有助于有效减轻煤矿工人的工作压力，提高煤矿工人自身抗压能力，舒缓情绪，为提升煤矿安全管理水平提供参考性的建议。

1. SPNR 工作压力传播模型传播特征

首先，从事煤矿井下工作时，容易传播工作压力的煤矿工人(Sc)和一个主动传播工作压力的煤矿工人(Pc)在一起工作并且相互影响后，则容易传播工作压力的煤矿工人就会有一定的可能性变成主动传播工作压力的煤矿工人，这个概率为 λ_1；同时，Sc 以相应的可能性变成另一类被动传播工作压力的煤矿工人(Nc)的概率为 η。当容易传播工作压力的煤矿工人(Sc)与被动传播工作压力的煤矿工人(Nc)相互影响后，容易传播工作压力的煤矿工人以一定的可能性转变成被动传播工作压力的人，其概率为 λ_2。

当一个主动传播工作压力的煤矿工人(Pc)与一个被动传播工作压力的煤矿工人(Nc)在一起工作并相互影响后，主动传播工作压力的煤矿工人会以一定的可能性转变为被动传播工作压力的工人，其传播的概率为 γ_1；与之对应，当一个被动传播工作压力的煤矿工人与一个主动传播工作压力的煤矿工人接触时，被动传播工作压力的个体以一定的可能性转变为主动传播工作压力的个人，该概率为 γ_2。

在煤矿井下工作中，主动传播工作压力的个体有可能转变为一个对工作压力免疫的人，同时也可能转变为一个容易传播工作压力的人，这两种可能性的概率分别为 β_1 和 α_1；而被动传播工作压力的人则也存在一定的可能性转变为一个对工作压力免疫的人，或者存在一定的可能性转变为容易传播工作压力的人，其转化的概率分别为 β_2 和 α_2。

2. 各种性质的传播者节点定义

在本研究中，传播者节点类型及定义如表 4.3 所示。

表 4.3　传播者节点类型及定义

传播者节点类型	定　　义
易传播节点	在煤矿基层的扩散网络中，代表容易受到工作压力过大的工友直接影响的煤矿工人所在的位置节点
主动传播节点	在煤矿基层的扩散网络中，受到工作压力过大的工友影响，并且把这种消极影响带给其他工友的煤矿工人所在的位置节点
被动传播节点	在煤矿基层的扩散网络中，不受工作压力过大的工友影响，但是把这种工作压力的影响间接传给其他工友的煤矿工人所在的位置节点
免疫节点	在煤矿基层的扩散网络中，对这种带有高工作压力的信息不传播的煤矿工人所在的位置节点

节点之间的连通表现为传播链中下级节点对上级节点工作压力信息的接收过程。

λ是指在煤矿井下工作过程中煤矿工人工作压力的传播速率，λ的值又可以分为两类，一类称之为煤矿工人井下工作压力主动传播速率，本书将其命名为λ_1；另一类称之为煤矿工人井下工作压力被动传播速率，本书将其命名为λ_2。

被动传播工作压力的煤矿工人产生的概率也是依据一定的情况而产生的，与煤矿工人工作压力来源的不确定性呈负相关，该概率用η_1表示。而主动传播工作压力的煤矿工人产生的概率与被动传播工作压力的煤矿工人产生的概率η_1成反比，我们用η_2表示。

在井下煤矿工人工作压力的传播与转化过程中，有一个重要衡量指标，我们称之为煤矿工人工作压力的关键点转移率，也就是说主动传播工作压力的煤矿工人节点和被动传播工作压力的煤矿工人节点相互之间可以以一定概率进行转化，由主动向被动转化的概率本书规定为γ_1，由被动向主动转化的概率本书规定为γ_2。

而在煤矿安全生产当中，煤矿工人工作压力在传播过程中也会按照一定的概率从主动传播工作压力的煤矿工人和被动传播工作压力的煤矿工人转化为起始状态的易传播工作压力的煤矿工人。煤矿工人从主动传播工作压力状态转变为易传播工作状态的概率我们称之为主动恢复率，记为α_1；煤矿工人从被动传播工作压力状态转变为易传播工作状态的概率我们称之为被动恢复率，记为α_2。

在工作压力传播过程中，主动传播工作压力的煤矿工人和被动传播工作压力的煤矿工人以一定的可能性转化为对工作压力免疫的煤矿工人，煤矿工人由主动传播工作压力的状态转化到对工作压力免疫的状态的概率我们记为β_1，称之为煤矿工人工作压力主动免疫率；煤矿工人从被动传播工作压力的状态转化到对工作压力免疫状态的概率我们记为β_2，称之为煤矿工人工作压力被动免疫率。根据煤矿实地调研与访谈情况，在最初煤矿工人形成工作压力的时间节点t_0(此时$t_0=0$)，有一个节点是主动传播工作压力的煤矿工人所在的节点(简称主动传播节点)，而在煤矿工人工作过程中的其他节点都是容易传播工作压力的煤矿工人所在的节点(简称易传播节点)，即$Sc(0)=N-1$，$Pc(0)=1$，$Nc(0)=0$，$Rc(0)=0$；在传播结束时(用t_{max}表示)，网络中只剩下易传播节点和免疫节点，则有$Sc(t_{max})+Rc(t_{max})=N$，$Pc(t_{max})=0$，$Nc(t_{max})=0$。

4.3　煤矿工人工作压力传播仿真实验实施

4.3.1　仿真工具介绍

本研究进行煤矿工人工作压力传播仿真研究采用的软件为 NetLogo 仿真软件。针对有关自然界和现实生活中的多个主体的情况，NetLogo 提供了一个可以编程的环境。在建模过程中，NetLogo 可以构建并控制数量庞大的"主体"，对于很多大型社会系统而言，其变化规律往往随着时间而推移，NetLogo更加适合这种随时间而变化的研究，能够全面模拟个体与整个宏观环境之间的关系。

NetLogo 的主要构成部分包括海龟(Turtles)、瓦片(Patches)以及观察者(Observer)，NetLogo 观察模型示意图如图 4.4 所示。海龟就是我们所说的主体，而瓦片相当于一个基础环境变量。我们设定海龟代表各类型的个体，这些个体可以是一些生物，也可以是一些机械装置。在系统仿真过程中，观察者可以控制瓦片及海龟，还有部分其他的变量。通过观察者这个角色，可以研究海龟、瓦片之间的相互影响，以及经过演化而产生的各种结论。

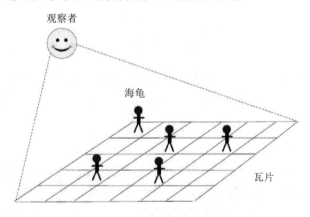

图 4.4　NetLogo 观察模型示意图

构建好 NetLogo 模型之后，可以通过计算机语言以命令的形式对仿真系统中的主体进行命令和操纵，这点对于要求模拟时间特别长的系统有非常重要的意义。

本研究在系统研究煤矿工人传播规律的前提下，以无标度网络为基础构建煤矿工人工作压力传播模型。

研究发现，煤矿工人工作压力的传播具有无标度特性，因此选用 AB 无标度网络模型，模型的具体构建过程如下：

(1) 基于 VGBA 模型。

(2) 从一个节点个数为 M 的网络开始，每一次在网络中增加一个新的节点，将其依次连接到 m 个已经存在的节点上，并满足 $m \leqslant M$。

(3) 为工作压力传播网络中的各个煤矿工人节点定义一个匹配系数，建立二者之间的联系，同时定义其各个煤矿工人节点(工作压力传播节点)与路径之间的关系强度权重 ω_{ij}，有

$$\omega_{ij} = \frac{\rho_i k_i}{\sum_j \rho_j k_j} \tag{4.1}$$

其中，ρ 的取值在[0, 1]之间，表示各个工作压力传播节点的不同重要程度。

(4) 选择任意一个节点 i，将其定义为工作压力的传播者，在这个节点的附近选择 m 个工友作为邻居节点，对这些节点传播工作压力，这样就构成了一个相互影响、有关联的网络。

$$\prod_{i \to j} = \frac{\omega_{ij}}{\sum_{j \in \Gamma_i} \omega_{ij}} \tag{4.2}$$

一个新的节点优先连接重要程度较大的节点，新节点与一个已经存在的节点 i 相连的概率 $\prod_i$ 与节点 i 的重要程度 k 之间满足如下的关系：

$$\prod_i = \frac{k_i}{\sum_j k_j} \tag{4.3}$$

(6) 在等待 T 个时间之后，对整个网络群体中的煤矿工人工作压力传播状态统一记录，互相影响的煤矿工人之间产生了新的关系，将新的关系和旧的关系整合起来就构成了一个比较完整的煤矿工人工作压力传播网络。

煤矿工人工作压力仿真模拟使用 NetLogo5.1.0 软件生成不同规模的无标度网络，采用软件模型库中的 SIR 传染病模型进行改造和扩展，增加煤矿工人在工作压力传播中的两种传播状态，即主动传播状态和被动传播状态，同时和易传播状态以及免疫状态相互结合分析，重新梳理并构建它们之间的传播规则，改造相关传播程序，建立基于无标度网络的煤矿工人工作压力传播模型，

模型的程序主体属性和主要例程如表 4.4、表 4.5 所示。

表 4.4 SPNR 工作压力传播模型的 NetLogo 程序的主体属性

主体(Agent)	标签(Tab)	形状(Turles shape)	颜色(Turles color)
Sc	易传播压力者	People(人形)	Green(绿)
Pc	主动传播压力者	People(人形)	Red(红)
Nc	被动传播压力者	People(人形)	Yellow(黄)
Rc	压力传播免疫者	People(人形)	Grey(灰)

表 4.5 SPNR 工作压力传播模型的 NetLogo 程序的主要例程

主要例程	功　能
turtles-own	定义节点主体的 4 种状态
clear	清空环境，重设时钟计时器，定义节点形状
preferential-attachment	生产无标度网络
setup	设置初始条件：初始节点为主动传播状态，其他节点为易感染状态，连接边为白色(免疫后变为灰色)
layout	布局节点：网状、树状、星形、圆形
go	① 主动传播节点；② 被动传播节点；③ 主动传播节点恢复为免疫节点；④ 被动传播节点恢复为免疫节点；⑤ 计时；⑥ 画图
plot	绘制 4 类节点在 t 时刻的密度曲线

煤矿工人工作压力传播模型仿真系统 NetLogo 的主界面如图 4.5 所示。

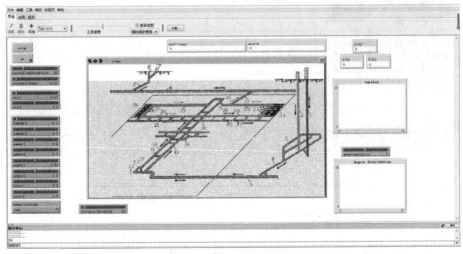

图 4.5 煤矿工人工作压力传播模型仿真系统 NetLogo 的主界面

工作压力 NetLogo 传播模型主要属性按键含义如表 4.6 所示。

表 4.6　工作压力 NetLogo 传播模型主要属性按键含义

属 性 按 键	按 键 含 义
initial-outbreak-size　26	初始模型的规模
recovery-chance　0.36	被感染之后恢复的概率
infected-threshold　0.31	阈值，状态转变；压力大到一定程度，变成了一个易感染(传播压力)状态；可以用来代表被感染概率
eta-1　0.10 eta-2　0.5	被动传播压力者和主动传播压力者出现的概率
lambda-1　0.1 lambda-2　0.5	工作压力的传播率，可以分为主动传播率和被动传播率
gamma-1　0.5 gamma-2　0.5	节点的转移率，可以分为主动转移率和被动转移率
alpha-1　0.50 alpha-2　0.5	煤矿工人节点的恢复率，分为主动恢复率和被动恢复率
beta-1　0.5 beta-2　0.5	煤矿工人节点对工作压力的免疫率，分为主动免疫率和被动免疫率
mean-centrality　3	调整无标度网的平均值的按键，总体上整个网络中的大部分人的连接数较少，可以用来控制平均的邻居数；每个人平均认识 3 个朋友(大部分人认识的朋友为 3 个，少部分人认识的朋友多于 3 个)；若有连接节点，压力就向连接节点传播

4.3.2　仿真实验流程与假设

在提出实验假设之前，首先明确 SPNR 模型程序中初始产生的煤矿工人默认为易传播工作压力者，在井下工作过程中易传播工作压力的煤矿工人在一定的概率下能够转变为主动传播工作压力的煤矿工人，这个概率就是我们说的主动传播率，同时也会以一定的概率转化为被动传播工作压力的煤矿工人。在进行煤矿工人工作压力传播的仿真实验中，我们控制实验条件不变，只是改变特定参数的值，来发现这一参数对实验中工作压力传播效果的影响。

我们采用 3 种典型指标对其在衡量煤矿工人工作压力传播仿真过程中的效果进行测量，第一类是在工作压力传播过程中主动传播工作压力的煤矿工人的最大值 $\max(Pc(t))$；第二类是在煤矿工人工作结束之后，那些对工作压力免疫的煤矿工人所占的工人总数的比重，记为 $final(r(t))$，对工作压力免疫的工人数量越多，说明工作压力传播得越广，影响越大；第三类是工作压力传播的时间 T，时间越长，说明其影响越深远。

煤矿工人工作压力传播模型仿真开始前，首先建立一个无标度网络，设置初始节点为易传播工作压力者，根据上文所述的传播规则对网络中的节点进行迭代。

模型在仿真传播过程中通过自身节点将工作压力扩散出去，对周围的节点产生一定影响，而传播节点也受到其他节点的影响，从而有可能出现状态的转换。

在进行仿真的过程中，很多压力在不断的积累和聚集后(达到一定程度)才会从某一个节点传播出去，节点自身状态的转换也有一定的时间滞后性。最后，仿真运行状态和仿真运行密度曲线见图 4.6 与图 4.7。

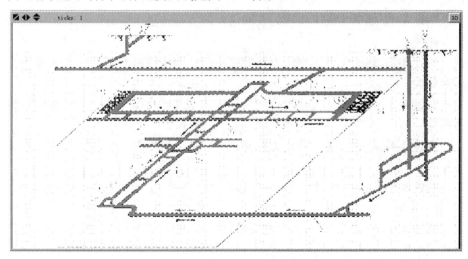

图 4.6　基于 NetLogo 的 SPNR 模型仿真实验仿真运行状态示意图

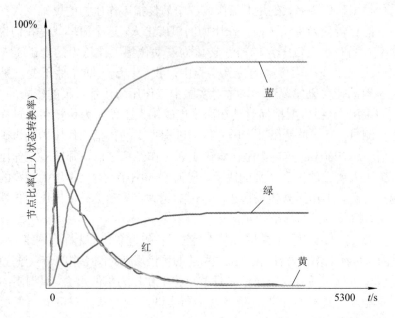

蓝—易传播压力者；绿—压力传播免疫者；红—主动传播压力者；黄—被动传播压力者

图 4.7　基于 NetLogo 的 SPNR 模型仿真实验仿真运行密度曲线

　　基于以上的能产生不同工作压力传播效果的各指标，这里提出煤矿工人工作压力传播模型的仿真实验假设。

　　假设 4-1：煤矿工人工作压力在网络中的主动传播速率 λ_1 与压力传播效果显著相关。

　　假设 4-2：煤矿工人工作压力在网络中的被动传播速率 λ_2 与压力传播效果显著相关。

　　假设 4-3：煤矿工人工作压力在网络中的主动转移率 γ_1 与压力传播效果显著相关。

　　假设 4-4：煤矿工人工作压力在网络中的被动转移率 γ_2 与压力传播效果显著相关。

　　假设 4-5：煤矿工人工作压力在网络中的主动免疫率 β_1 与压力传播效果显著相关。

　　假设 4-6：煤矿工人工作压力在网络中的被动免疫率 β_2 与压力传播效果显著相关。

4.4　工作压力传播情境下传播模型仿真分析与讨论

4.4.1　煤矿工人工作压力传播情境

1. 下井前煤矿工人工作压力缓慢产生

在调研过程中，所有煤矿工人在下井前都要开班前会，换衣服(包括内衣)，主要是为了防止日常衣服摩擦产生静电，在井下引起火花而引起瓦斯爆炸；当班的班组长不仅要负责开班前会，还要监督自己班组内的所有工人不得将任何电子产品带入井下，防止出现静电而引起瓦斯爆炸。煤矿工人一般都要穿高帮矿靴，防水但是不防坠物，掉下来的石头等可能会砸伤脚面造成骨折。

2. 下井过程中煤矿工人工作压力缓慢聚集

在调研过程中，虽然下井过程一般很规范，但是工人的心情是不断变化的，深层的矿井都要挖竖井，深度在 500 m 到 2000 m 不等。工人一般乘罐笼下去，随着下井深度的不断增加，工人的工作压力也随之不断增加。

有调研显示，部分矿井还要在水平方向打几千米深的平巷，一般会用胶轮车作交通工具，通常从下井到工作面需要 1 h 以上，路上也有一定的风险。并且调研的大型煤矿都推广使用大型先进的自动化设备来进一步提升煤矿产量，但在产量进一步提升的同时煤矿工人的工作压力也变得越来越大。

3. 井下生产中工作压力不断增加

井下的支护工负责井下支架，为了保证支架的稳定与牢固，支护工必须对支架一个一个敲击检查。如果不够结实，随时可能有石头掉下来，一旦出现事故非死即伤，所以不能有丝毫马虎和松懈，在井下工作的工人都面临着相当的工作压力。井下生产工作面四周都是煤，掉下来的矸石可能砸伤身体任何部位，刺手碰脚是家常便饭。工人在工作过程中要时刻保持警惕和小心，精神时刻处于紧绷状态，工作压力与地面人员相比还是高很多。

4. 升井休息后压力得到缓解

一般情况下，一个班在井下工作过程中，吃喝拉撒都在井下，吃饭的时候，煤矿工人就找个灰尘相对少的地方吃饭，现在大部分煤矿给工人准备了相对固定的井下吃饭场所，吃完后接着去工作面干活。由于相关安全规定，在井下不允许带入个人电子设备，工人的娱乐活动相对比较单调，主要以谈天、小憩为主；而工作结束后脱离了这个相对单调和恶劣的工作环境，在洗完澡和吃完饭之后工作压力明显减轻了不少。

在这一过程，煤矿工人的工作压力受到各类不同因素的影响，发生着一定的变化，下面在考虑不同传播参数的基础上对煤矿工人工作压力的传播规律进行研究。

4.4.2 不同工作压力传播率情境对传播效果的影响

在进行初始分析前，构建了一个典型无标度网络，网络节点数为 1000，相互连接边为 999，路径长度为 6。煤矿工人工作压力传播仿真实验中，初始压力参数设置为 $\lambda_1 = 0.50$，$\lambda_2 = 0.50$，$\alpha_1 = 0.05$，$\alpha_2 = 0.05$，$\gamma_1 = 0.50$，$\gamma_2 = 0.50$，$\beta_1 = 0.50$。

首先研究在不同的传播率 λ 值的条件下工作压力在不同工作时间的变化情况，首先固定其他参数不作调整，然后分别将煤矿工人工作压力的主动传播率 λ_1 和被动传播率 λ_2 参数调整为不同的值，取值分别为 0.1、0.4、0.7、0.9，模型仿真结果如图 4.8 所示。主动传播率 λ_1 在变大的同时，煤矿工人工作压力主动传播者的数量占总体的数量的最高值也在不断攀升，这一现象充分说明了如果主动传播率变高的话，其工作环境中煤矿工人工作压力主动传播者的数量也会不断增加，会出现工作环境中压力不断聚集的情况，影响到更多的工人。

从图 4.8(b)中可以发现，λ_1 越大，在工作压力传播后期，工作压力免疫状态 $r(t)$ 的煤矿工人就越多，这说明了主动传播状态下的工作压力对于整个煤矿工人群体的影响非常大，所以假设 4-1 是成立的，而图 4.8(c)和 4.8(d)并没有这种变化，所以假设 4-2 得不到支持。

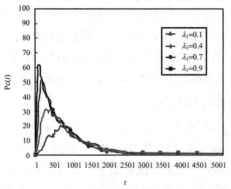

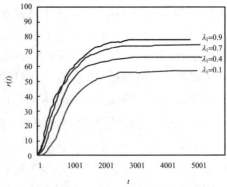

(a) 不同的主动传播率 λ_1 对 $Pc(t)$ 的影响情况   (b) 不同的主动传播率 λ_1 对 $r(t)$ 的影响情况

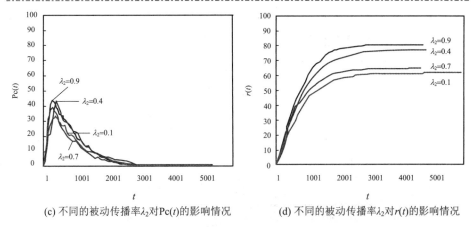

(c) 不同的被动传播率λ_2对Pc(t)的影响情况　　(d) 不同的被动传播率λ_2对r(t)的影响情况

图 4.8　传播率模型仿真结果

4.4.3　不同工作压力转移率情境对工作压力传播效果的影响

在实际工作环境中，煤矿工人对工作压力的反应分为主动传播和被动传播两类。煤矿工人对工作压力的态度也是分为两类，分别为容易受到工作压力影响和免疫状态，我们采用压力转移率这一概念衡量煤矿工人受到工作压力影响时的态度，由于个体的特殊性，一般态度取向发生改变的可能性不大。

在进行煤矿工人工作压力传播仿真的过程中，煤矿工人对工作压力的转移率分为主动转移率γ_1和被动转移率γ_2，我们对这两类转移率的取值分别为0.05、0.25、0.45，以考察转移率变化情况下的煤矿工人工作压力传播峰值 max(Pc(t))、最终受到压力传播影响并转变为免疫状态的煤矿工人的最终免疫值 final(r(t))和工作压力传播周期 T 这 3 个传播效果指标。max(Pc(t))是指在工作压力传播过程中的压力主动传播者的最高峰值，final(r(t))是指在工作压力从最开始传播到衰退再到传播结束时刻对工作压力免疫的煤矿工人的比重，T 是工作压力传播的生命周期，从工作压力开始传播到衰退最终至传播结束，T 值越大，说明周期就越长，影响程度越大。

转移率模型仿真结果如图 4.9 所示。随着主动转移率γ_1的减小，Pc(t)的最大值逐步递增，且增加的幅度越来越大；而随着被动转移率γ_2的增加，Pc(t)的最大值亦随之增加。

从仿真结果可以看出，转移率在不断增大的同时，煤矿工人工作环境中工作压力传播的峰值 Pc(t)也在不断增加，这说明压力转移率对煤矿工人工作压力的传播有显著的影响。在实际工作中，我们希望有更多的主动传播者转化为被动传播者，最终有效减少工作压力所能影响的煤矿工人个体的数目，这是有效抑制工作压力传播控制的重要途径。故而，假设 4-3 和假设 4-4 成立。

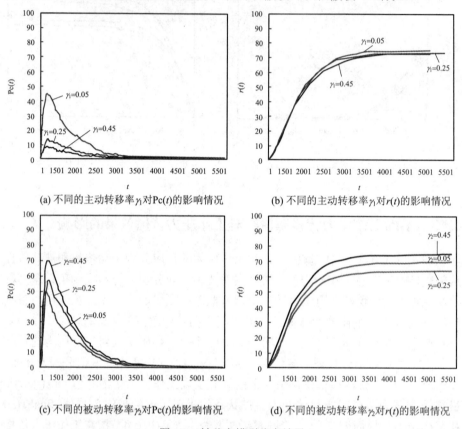

(a) 不同的主动转移率 γ_1 对 Pc(t) 的影响情况   (b) 不同的主动转移率 γ_1 对 $r(t)$ 的影响情况

(c) 不同的被动转移率 γ_2 对 Pc(t) 的影响情况   (d) 不同的被动转移率 γ_2 对 $r(t)$ 的影响情况

图 4.9　转移率模型仿真结果

4.4.4　不同工作压力恢复率、免疫率情境对工作压力传播效果的影响

在对井下煤矿工人工作压力的仿真过程中，一个煤矿工人压力传播状态可以转化为初始易传播状态，也可以转化为免疫状态，这两个状态发生的概率之和是 100%。如果初始易传播状态的煤矿工人转化为免疫状态 β 的可能性相对较大的话，那么恢复为初始易传播工作压力状态的人就少了，相应的初始易传播状态的概率值 α 也就减少。

在仿真过程中我们定义 β_1 和 β_2 的值分别为 0.10、0.40、0.70、0.90，而 α_1 和 α_2 的值根据 β_1 和 β_2 的值的变化而变化，这是由于概率 β 与概率 α 的和为 100%。通过概率 β 与概率 α 的变化，我们观察煤矿工人工作压力免疫率和煤矿工人工作压力恢复率不断调整变化的过程中，煤矿工人工作压力的规律性变化过程。

不同免疫率对工作压力传播效果的影响如图 4.10 所示。

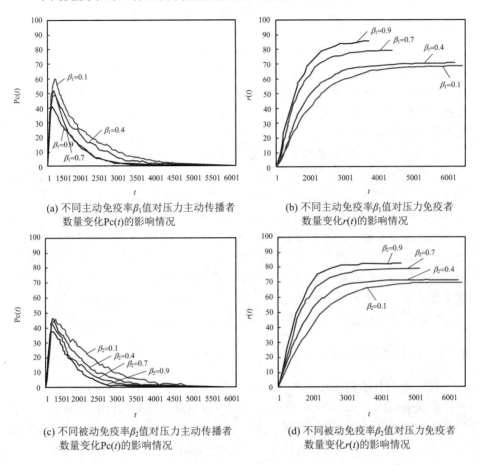

(a) 不同主动免疫率β_1值对压力主动传播者
    数量变化Pc(t)的影响情况

(b) 不同主动免疫率β_1值对压力免疫者
    数量变化r(t)的影响情况

(c) 不同被动免疫率β_2值对压力主动传播者
    数量变化Pc(t)的影响情况

(d) 不同被动免疫率β_2值对压力免疫者
    数量变化r(t)的影响情况

图 4.10　免疫率模型仿真结果

发现煤矿工人工作压力免疫率的变化对主动传播者的数量并无太大的影响作用。但是随着煤矿工人工作压力免疫率的提升，最后对工作压力免疫的煤矿工人的数量会显著增加，同时工作压力仿真结束的时间也变得相对较短，其仿真的周期也变短，说明工作压力在整个矿井下传播的时间变得比之前要短。

由图 4.10 可以看出，在工作压力扩散过程中，不同的免疫率对于压力的传播峰值并无显著影响，这在一定程度上说明煤矿工人工作压力免疫率和恢复率(恢复到初始易传播状态)对煤矿工人工作压力的传播效果没有影响，其影响主要体现在压力传播的后期，可以验证假设 4-5 和假设 4-6 是成立的。

4.5 煤矿工人工作压力传播干预方法

通过煤矿工人工作压力仿真实验，我们明确了煤矿工人工作中工作压力的传播特点和各类传播参数变化对工作压力传播速度、传播范围的影响。煤矿工人在工作中往往面临很大的工作压力，因此，选择较为合适的干预方法可以有效地控制和干预煤矿工人的工作压力传播。

选择干预方法的主要原则是，提升煤矿工人对工作压力的免疫率，使其不论是否受到工作压力的影响，最终能够处于工作压力免疫状态，从而尽量把工作压力对煤矿工人的影响降到最低。本书在选择煤矿工人工作压力免疫方法时，采用目前最普遍的两种免疫干预方法，分别是目标免疫算法和熟人免疫策略；通过实验手段分别实施和验证这两种免疫方法，检验其对工作压力传播的控制效果，以选择最佳方法进行煤矿工人工作压力干预。此外，随机免疫(Random Immunization)策略也是一种基础的免疫策略，其实施方法是指完全随意地在网络中抽取一些节点进行干预，使节点产生免疫，不考虑各个节点自身的特征问题。这样的免疫方法往往有一刀切的特征，干预效果不是很好。

4.5.1 目标免疫算法

目标免疫算法是指在免疫过程中按照一定的标准对部分特别重要的节点进行定向干预的方法，譬如，在干预过程中可以选择影响力较大的节点进行干预，当实施这种免疫方法的时候，能够更加有效地进行免疫干预。但是这种免疫方法也有缺点，这种免疫方法必须要完全明确整个网络的信息，否则无法明确应该免疫的节点。

在实际的工作中，煤矿工人之间工作压力的传播情况非常复杂，同时信息量巨大，各类型的信息繁多，很难全盘掌握全部信息，所以采用目标免疫算法是不现实的。

4.5.2 熟人免疫策略

对于在煤矿工人工作中形成的工作关系，想要完全掌握整个网络的信息是不现实的，所以本研究提出了一种免疫策略——熟人免疫策略。

熟人免疫策略在进行免疫干预的过程中不需要完全掌握整个网络的信息，

而只是需要按照一定的标准选取其中的部分传播节点，而有针对性地对这类节点以及周围与这类节点有联系的邻居节点进行免疫干预。

在进行煤矿工人工作压力传播的免疫干预过程中，我们并不需要知道所有工人的工作压力情况，只需要筛选和识别出工作压力比较大的工人，同时对这类工人周围容易受压力影响的人进行定向干预，而往往这些容易受到过大工作压力影响的人都是这类工人的熟人。这样进行工作压力免疫干预的效率就会更高。

根据以上分析我们提出基于熟人免疫策略的工作压力仿真干预实验研究假设。

假设 MH：熟人免疫策略对煤矿工人工作压力传播干预的效果要比随机免疫策略的干预效果显著。

4.5.3　煤矿工人 SPNR 模型的仿真实验分析

同样采用 NetLogo 平台进行基于熟人免疫策略和随机免疫策略的干预仿真实验，具体操作是在已有煤矿工人工作压力传播模型的相关程序中加入随机免疫策略的程序和熟人免疫策略的程序。随机免疫策略是在已成型煤矿工人工作压力网络中随机选择规定数量的没有产生免疫的工人节点，使之转化为免疫节点；熟人免疫策略的机制通过 NetLogo 仿真软件中 immune-strategy 这一选项实现，在软件行为空间编辑一栏中将 immune-strategy 赋值由"none"定义为"acquaintant"。下面分别应用这两种策略进行干预仿真实验。随机免疫策略仿真画面和仿真参数设置界面分别如图 4.11、图 4.12 所示。

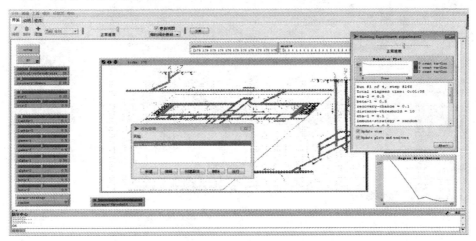

图 4.11　煤矿工人随机免疫策略仿真界面

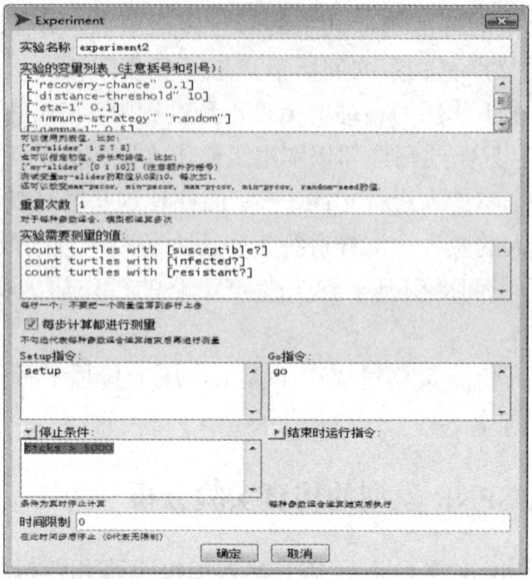

图 4.12　煤矿工人随机免疫策略仿真参数设置

　　本研究在进行熟人免疫干预仿真时，煤矿工人工作网络具有无标度的特性，网络节点规模在 500 到 1500 之间，选择煤矿工人工作压力传播网络中存在一定工作压力的工人节点，并对这个节点周围的非免疫状态节点进行干预，干预效果如图 4.13、图 4.14 所示。

　　图 4.13、图 4.14 为熟人免疫策略的实验仿真界面和参数设置界面。

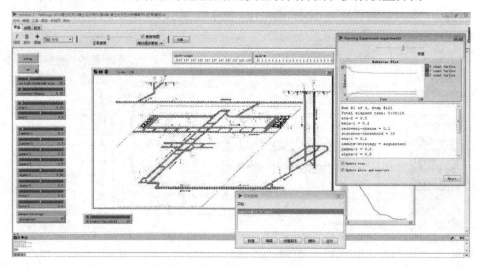

图 4.13　煤矿工人熟人免疫策略仿真

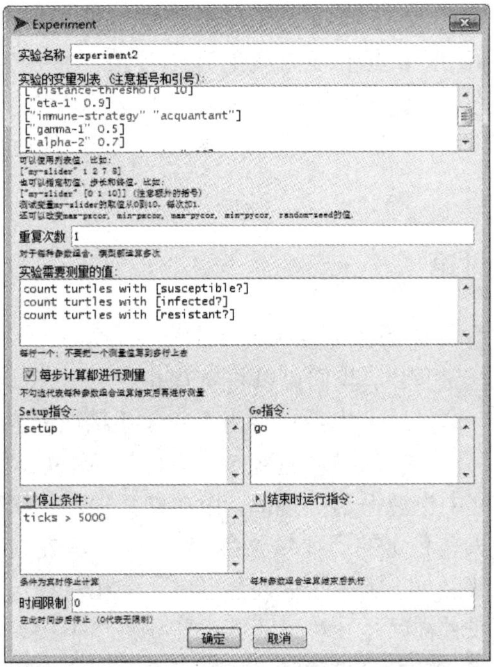

图 4.14　煤矿工人熟人免疫策略仿真参数设置

下面将对采用不同免疫策略进行实验仿真的结果进行比较分析,实验的网络初始条件设置为:$N = 1000$,$\lambda_1 = 0.50$,$\lambda_2 = 0.50$,$\alpha_1 = 0.05$,$\alpha_2 = 0.03$,$\gamma_1 = 0.50$,$\gamma_2 = 0.50$,$\beta_1 = 0.50$,$\beta_2 = 0.50$;免疫节点的个数 n_i 为 10。

图 4.15 显示的是在煤矿工人工作压力传播过程中,采用熟人免疫策略和

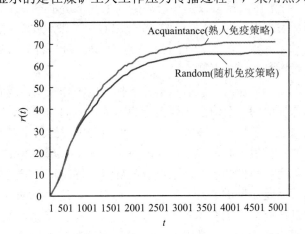

图 4.15　随机免疫策略与熟人免疫策略下的免疫节点密度曲线

随机免疫策略的煤矿工人工作压力免疫节点密度曲线。我们可以发现，采用熟人免疫策略的免疫节点密度曲线上升比较快，采用随机免疫策略的免疫节点密度曲线上升的速度较慢。这表明采用熟人免疫策略的效果明显优于采用随机免疫策略的效果，熟人免疫对网络中煤矿工人工作压力扩散的控制效果较好。

4.5.4　仿真结果讨论

1)"熟人社会"情境下煤矿工人工作压力传播特点

在煤矿井下生产过程中，我们可以将所有井下工作人员构成的网络称为煤矿井下工作人员网，这实质上也是一种由工作关系构成的人际网络。根据社会学有关研究，平均每个人生活中会碰到 500 人，其中 150 人会与自己形成稳定的关系。在煤矿生产中也遵循这一规律，由前期扎根理论调研问卷和访谈情况发现，煤矿中工作人员稳定的交往对象在 50 到 110 人左右，煤矿工人在工作中会结识工友和上级领导，最终这些人会形成一个相对稳定的工作团体或者工作社区。这种团体或者社区是一种非正式的组织或者网络，在长期的工作合作关系中形成了相对稳定的社交关系。这些社交关系一方面建立在稳定的工作合作基础上，另一方面是由于共同的兴趣爱好或者更深层次的共同世界观和价值观而形成的一种稳定的社交网络状态。

不在同一个煤矿工人工作的人员哪怕同属一个集团公司也不一定相互认识，但是在同一个煤矿，一同从事井下工作的工人往往关系密切。2017 年 4 月 19 日 7 时，神木市大柳塔板定梁塔煤矿发生井下透水事故。经县煤炭局核查，该透水事故发生在 4 月 19 日 4 时 40 分左右，当班入井 7 人，1 人安全升井，其余 6 人被困井下，4 月 22 日上午 9 点 51 分，神华神东救护消防大队救护队员成功将被困煤矿工人救出。

从以上案例可以看出，在煤矿从事井下作业的工作人员，或者更进一步地说在同一个工作面、同一个班组工作的同事之间，他们的利益、安全乃至生命一定是紧密联系在一起的。工作压力作为一种相对负面的信息在井下工作的煤矿工人群体中传播扩散，而在井下工作的每个工人个体都是非常复杂的，因为每个工人个体都有各自的情感、诉求以及喜好等个性特征，工人个体对其周围的工作压力的感受是不同的，受到身边的人影响的程度也不同。

社会交往是所有人类的基本行为，在工作中的社会交往表现为工作交往，国内学者往往引用现代西方经典社会交往理论来解释国内的社会现象，如西方社会交换理论、社会资本理论等，但是往往忽视了中国国情的特殊性，熟人社会是理解国人社会交往的逻辑起点[186]。

2)"熟人社会"交往逻辑下对煤矿工人工作压力干预的有效性

熟人社会实际是指人们基于身份认同而具有共同利益基础的单元结构集合。煤矿工人工作压力传播就是在一个比较典型的熟人社会进行的，在矿井下工作的人员被归入一个个生产班组和区队，其结构与传统社会中的村落和生产小组非常相似，都是在一个相对独立的区域内从事生产劳动，创造价值。

在传统熟人社会中，往往存在一类人，它们是"极端自私的少数"和"非常无私的少数"，而大部分人都是"从众性的群众"，这些"极端自私的少数"往往利用"从众性的群众"进行"搭便车行为"来损害大部分人的利益。在煤矿安全生产中也存在此类问题，大部分的煤矿工人在工作中遵守各类安全行为，但是其中有"个别少数"不仅不好好工作，而且会给周围的人带来很多不良的影响，如个别人在工作中为了干活方便，不佩戴安全帽或者不使用其他安全防护措施，结果这些人反而出活多、工资高。在这种情况下，往往周围严格遵守规范的人会有怨言，因为大家会形成一种错误的所谓"共识"，就是成为那些"极端自私的少数"才能占便宜。

面对这种情况，在这个典型的具有熟人社会特征的煤矿工人工作社群中，大家往往非常期待那些自己身边的"熟人"，特别是有一定的公益心、为大家考虑的工友，能够站出来给大家"说句公道话"，最起码，能够有人说句"辛苦了"，让大家明白自己做的这些事情是值得的，但若在辛苦工作之后却被那些所谓"聪明人"抢了成绩和奖金，这对于每个承受着巨大压力辛苦工作的人都是不公平的。

在工作压力传播过程中，煤矿熟人社交工作网络起到了非常重要的作用。要想有效控制工作压力在这个煤矿熟人社交工作网络中的传播，必须找到这个网络中最有影响力的熟人节点，或者说是大家都认同的工友，这样才能够做到有效影响和控制煤矿工人工作压力在其工作过程中的传播。

在煤矿生产企业的日常工作压力管理过程中，要找到有着一定影响力的工人，使其发挥对周围工友的影响作用，能够有效实现工作压力的干预和缓解。本小节所作仿真研究也充分验证：按照一定规则，通过熟人干预压力传播的效果比随机干预的效果要好。

本 章 小 结

随着煤矿生产的机械化与自动化，安全生产对工人各方面的能力要求也越来越高，工人所承受的工作压力也越来越大。本章主要通过计算机仿真实验方法分析了煤矿工人工作压力传播过程中的传播规律，本章具体工作如下：

首先，对煤矿工人工作压力传播的特点和规律进行了系统分析。在结合经典流言传播模型的基础上建立了"煤矿工人工作压力传播模型"，对煤矿工人工作压力传播特点、工作压力传播规则进行了定义，同时描述了模型结构。

然后，采用计算机仿真实验的方法对煤矿工人工作压力传播模型进行了仿真实验研究。以 MS 矿为例，结合煤矿生产实际，分析煤矿工人井下工作面工作的具体环境构成，定义了煤矿工人工作压力的传播仿真规则；进行了煤矿工人工作压力井下传播的仿真实验并对实验结果进行了讨论。

最后，在讨论计算机仿真分析结果的基础上提出了煤矿工人工作压力传播免疫策略，并运用计算机仿真方法，采用 NetLogo 软件对熟人免疫策略和随机免疫策略进行了仿真实验，经验证得出结论：熟人免疫策略比随机免疫策略对煤矿工人工作压力的干预效果更有效。

第 5 章　煤矿工人工作压力对不安全行为影响的跨层次实证研究

本章以量表测试为基础，利用跨层次理论，对煤矿工人的工作压力、组织差错反感氛围、负性情绪和不安全行为的关系进行了研究。实证研究结果表明：工作压力对煤矿工人不安全行为有显著负向影响；负性情绪在工作压力与不安全行为之间起中介作用；组织差错反感氛围在工作压力与不安全行为之间起调节作用。

在前文讨论的煤矿工人工作压力结构及传播规律的基础上，本章研究不仅关注煤矿工人所面临的工作压力的大小，更希望明确煤矿工人工作压力对不安全行为的作用机制，通过对作用机制的分析为工作压力管理工作提供有针对性的建议，对工作压力进行有效管理。

5.1　各个跨层次实证研究变量的操作性定义

在进行研究变量定义时，尽量使用成熟量表，成熟量表都经过科学检验，其信效度有所保证。

5.1.1　工作压力测量

在工作压力的测量方面，不同学者有不同的见解，比较有代表性的工作压力量表是职业压力指数(OSI, Occupational Stress Indicator)量表，是由 Cooper 等(1988)[187]根据当时的文化背景设计的，该量表的主要测量内容包括员工对工作的满意度、工作负荷、工作发展前景、家庭负担、组织发展前景、公司整体环境等。Williams 等(1998)[188]在改造 OSI 量表的基础上构建了压力管理指数

(PMI，Pressure Management Indicator)量表，PMI 量表进一步综合了员工工作压力的主要结构维度，包括日常工作负荷、工作中的人际关系、自身发展、员工工作职责、家务负担等。在这些量表的应用过程中，国内学者也进行了改进，汤超颖等(2007)[189]、舒晓兵(2005)[190]都在中国国情背景下对工作压力研究结构与维度拓展作出了自己的贡献。

本研究借鉴国内外学者已有的研究策略，并以第 3 章介绍的扎根理论与相关的实证研究所验证过的煤矿工人工作压力维度结构为依据，抽取并确定了 27 个题项组成的煤矿工人工作压力量表。研究发现，由于煤矿工人的工作时间长，照顾家庭的精力往往有限，所以来自家庭的压力就显得比较突出，因此在煤矿工人工作压力维度结构中需增加家庭环境压力方面的内容。综上所述，本书所测量的煤矿工人工作压力的维度一共有 6 个，具体维度与题项如表 5.1 所示。

表 5.1　工作压力维度及项目量表

工作压力维度	题　项
工作环境压力(JS1)	1. 整体环境是否良好 2. 防护设施是否齐全 3. 劳保用品是否按时足额发放 4. 工作空间感受是否压抑 5. 工作噪声是否能够接受 6. 工作湿度是否太大 7. 工作光线是否够用
岗位责任压力(JS2)	1. 劳动强度是否过大 2. 加班是否很多 3. 班中休息是否足够 4. 岗位职责是否过大 5. 自身权责是否清晰 6. 临时性工作是否特别多 7. 工作验收标准是否难以达到
人际关系压力(JS3)	1. 领导是否存在乱指挥情况 2. 是否与工友利益时有冲突 3. 班组沟通是否顺畅 4. 是否有时有很强烈的工作孤独感

工作压力维度	题 项
职业发展压力(JS4)	1. 上级支持是否到位 2. 晋升通道是否顺畅 3. 个人发展空间感受
家庭环境压力(JS5)	1. 家人支持理解是否足够 2. 子女负担感觉如何 3. 家庭负担感觉如何
组织体制压力(JS6)	1. 煤矿奖励合理性 2. 制度合理性 3. 单位各个机构设置的合理性

5.1.2 不安全行为测量量表

有研究认为，不安全行为是一种偏离了正常、可接受、正确程序或正确方法的行为，可能导致人员伤亡或设备损坏，也有可能在未来造成事故的发生。本书认为煤矿工人不安全行为是指使用个人防护用具不当、进行作业动作不规范、不遵守安全生产作业流程、具有不良的个人生产习惯等可能引起安全生产事故发生的行为，上述行为也可以分为安全不参与行为与安全不遵守行为两类。

在煤矿工人不安全行为的测量中,我们借鉴国外学者 Motowidlo 等(1994)[191]与 Neal 等(1997)[192]的相关研究,以行为结果为判断标准,从安全不服从行为和安全不参与行为两个方面进行煤矿工人不安全行为研究。

具体维度及题项如表 5.2 所示。

表 5.2 煤矿员工不安全行为的测量量表

维度	题 项
安全不服从行为 (UB1)	1. 我有时没有顾虑安全指示，冒险作业
	2. 我有时没有按照安全操作规程来工作
	3. 我有时不是很明确个人安全生产责任
	4. 我有时不能妥善处理工作中遇到的不安全问题
	5. 我有时会学习模仿别人在工作场所的不安全行为
	6. 我有时会参与到别人在工作场所内的不安全行为活动中

续表

维度	题 项
安全不参与行为 (UB2)	1. 我有时看到工作中存在的安全隐患或危险源却当作没看见
	2. 我有时发现安全隐患或别人的不安全行为，没有及时向领导汇报
	3. 我不会积极地向领导提出安全措施建议
	4. 我有时出于侥幸心理忽视安全问题
	5. 我经常找机会避免参加组内安全培训
	6. 我不会经常主动学习新的安全规范

5.1.3　负性情绪测量

对煤矿工人负性情绪的测量，本研究参考 Watson 等(1988)[193]所提出的正性负性情绪量表(PANAS，Positive and Negative Affect Scale)，及陈仙祺等(2008)[194]提出的问卷设计。

本书在问卷设计中充分征求了煤矿安全专家的意见，对于问卷中的各种表述，充分考虑了国内煤矿工人的知识水平、表达习惯等特点，同时也兼顾煤矿工人负性情绪量表的科学性和严谨性。煤矿工人负性情绪测量量表一共采用 8 个题项进行测量，现将各维度及题项整理如表 5.3 所示。

表 5.3　负性情绪测量量表题项

测量维度	题 项
负性情绪 (NE)	1. 我经常感到痛苦和忧伤
	2. 我经常为小事而心烦
	3. 我经常觉得紧张不安
	4. 我经常担心事情做不好
	5. 我经常感觉烦躁想生气
	6. 经常有很多事令我感到恐惧
	7. 我经常对身边的人和事物没有兴趣
	8. 我经常容易神经紧张

5.1.4　组织差错反感氛围

Dyck 等(2005)[120]认为组织差错反感氛围属于企业文化的一个类型，在此种企业文化下，员工在工作中非常担心出现错误，在日常非常小心，注意不犯任何错误。如果一旦不小心犯错，员工会感到非常的担心并且努力地掩饰所出现的差错。

杜鹏程等(2015)[121]对组织差错反感氛围的测量使用了 Dyck 等(2005)[120]开发的量表，原量表包括 11 道题，杜鹏程等(2015)[121]根据该量表作了两次问卷测试，并据此对量表进行了修订和调整，最终的量表包括 6 道题。组织差错反感氛围量表的信度为 0.940，本研究的组织差错反感氛围量表题项如表 5.4 所示。

表 5.4　组织差错反感氛围测量

测量维度	题　项
组织差错反感氛围 (EA)	1. 在我们单位，如果有人出差错，大家会感到生气和恼怒
	2. 大家对差错的处理态度是：当没有人发现时，不必承认差错
	3. 同别人谈论差错完全没有必要
	4. 遮掩差错会对自己有好处
	5. 大家喜欢对自己的差错保密
	6. 承认自己差错的员工是自找麻烦

5.2　调研数据分析与讨论

5.2.1　调研情景介绍与描述性统计结果分析

在调研过程中，选择了分布在陕西、内蒙古、甘肃、河南的 6 个煤矿生产基层单位进行问卷发放，在调研过程中尽量选择一线工作的井下煤矿工人，因为井下煤矿工人的工作是最辛苦的，其工作压力与地面人员相比是最大的。调研各个煤矿发现，井下煤矿工人的工作时间是 8 h，任务紧的时候三班倒，每班 8 h，再加上路上上班和准备班前会、班后会的时间，以及经常性的学习和培训时间，实际工作时间往往在 12 h 左右，这已是煤矿工人的生理极限了，基本上一线生产工人都承受着较大的工作压力。

本节首先应用 SPSS22.0 对调研数据进行了描述性统计分析，具体分析结果如表 5.5 所示。分析结果显示 91.1%的煤矿工人年龄处在 45 岁以下，60.9%的煤矿工人学历在大专以下，53.6%的煤矿工人已婚，83.4%的煤矿工人工龄在

6 年以下。接着采用 SPSS22.0 和 Mplus7.4 软件对量表数据进行了相关信度与效度检验，检验结果表明，各个量表的信效度均达到了实证研究的标准，适合进行下一步实证研究。

表 5.5　煤矿工人样本基本信息

年龄	人数	百分比
25 岁及以下	256	42.4%
26～35 岁	226	37.4%
36～45 岁	68	11.3%
46～55 岁	40	6.6%
56 岁及以上	14	2.3%
样本总人数	604	100.0%
班组	人数	百分比
生产班组	428	70.9%
辅助班组	176	29.1%
样本总人数	604	100.0%
学历	人数	百分比
初中及初中以下	122	20.2%
高中、职高、中专	246	40.7%
大专	154	25.5%
本科	72	11.9%
研究生	10	1.7%
样本总人数	604	100.0%
婚姻情况	人数	百分比
已婚	324	53.6%
未婚	274	45.4%
丧偶	2	0.3%
离异	4	0.7%
样本总人数	604	100.0
工龄	人数	百分比
3 年以下	322	53.3%
3～6 年	182	30.1%
6～15 年	56	9.3%
15 年以上	44	7.3%
样本总人数	604	100.0%

5.2.2　各变量的信效度分析

1. 信度分析

信度分析结果如表 5.6 所示。

表 5.6　样本信度统计分析

量表或维度		条目数	Cronbach's Alpha
工作压力量表	全卷	27	0.889
	维度 1：工作环境压力	7	0.801
	维度 2：岗位责任压力	7	0.840
	维度 3：人际关系压力	4	0.704
	维度 4：职业发展压力	3	0.710
	维度 5：家庭环境压力	3	0.751
	维度 6：组织体制压力	3	0.732
组织差错反感氛围量表		6	0.874
负性情绪量表		8	0.883
不安全行为量表	全卷	12	0.925
	维度 1：安全不服从行为	6	0.912
	维度 2：安全不参与行为	6	0.893

统计分析结果表明：量表或维度的 Cronbach's Alpha 信度系数在 0.704 到 0.925 之间，其中工作压力量表中的工作环境压力维度 1、岗位责任压力维度 2、组织差错反感氛围量表、负性情绪量表以及安全不参与行为维度 2 的 Cronbach's Alpha 均达到了 0.8 以上，而不安全行为量表中的安全不服从行为维度 1 的 Cronbach's Alpha 系数在 0.9 以上，各个量表的信度检验合格，表明在研究中所使用到的量表具有良好的信度，内容较为统一，因此可以进行下一步效度分析。

2. 效度分析

1) 结构效度分析

首先分别对表 5.1～5.4 共 4 个量表的结构效度进行检验，采用 Mplus7.4 软件进行验证性因子分析，从而探究每个变量的结构效度是否合理，验证性因子分析结果如图 5.1 所示。按照以往研究，检验的标准建议如下：模型的比较拟合指数(CFI)需要大于 0.90，渐近误差均方根(REMSA)值需要小于 0.08，塔克-刘易斯指数(TLI)也需要大于 0.90，但是研究者也指出，不能单纯依靠一种拟合指数来检验假设模型，因此需要综合模型指数进行判断。

表 5.1 中煤矿工人工作压力维度及项目量表分为 6 个维度，条目 1～7 为因子 1，条目 8～14 为因子 2，条目 15～18 为因子 3，条目 19～21 为因子 4，条目 22～24 为因子 5，条目 25～27 为因子 6。工作压力维度及项目量表结构的验证性分析结果如图 5.12 所示。因子分析模型的各拟合指标为：$\chi^2 = 584.254$，$df = 260$，$p < 0.001$；RMSEA = 0.064，CFI = 0.859，TLI = 0.838。从指标看，虽然 CFI 和 TLI 的值未达到理想标准，但是接近 0.90，并且 RMSEA 的值达到标准，因此从模型评估指标来看，模型拟合度较好。

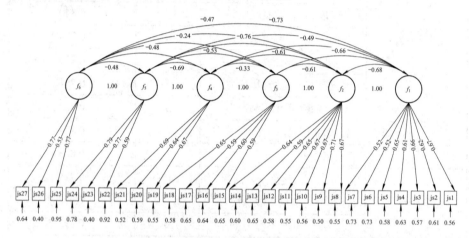

图 5.1　工作压力维度及项目量表结构的验证性分析结果

表 5.4 中组织差错反感氛围共 6 个条目，采用 Mplus7.4 软件进行验证性因子分析(CFA)，验证性因子分析结果如图 5.2 所示，单维 CFA 检验结果的各拟合指标为：$\chi^2 = 30.325$，$df = 9$，$p < 0.001$；RMSEA = 0.089，CFI = 0.974，TLI = 0.956。从指标看，虽然 RMSEA 的值未达到理想标准，但是接近 0.08，并且 CFI 和 TLI 的值达到标准，模型拟合度较好。

表 5.3 中负性情绪也为单维结构，总共 8 个条目，采用 Mplus7.4 软件进行验证性因子分析，验证性因子分析结果如图 5.3 所示。单维 CFA 检验结果的各拟合指标为：$\chi^2 = 91.002$，$df = 20$，$p < 0.001$；RMSEA = 0.108，CFI = 0.932，TLI = 0.904。从指标看，虽然 RMSEA 的值未达到理想标准，但是接近 0.08，并且 CFI 和 TLI 的值达到标准，因此从模型评估指标而言，模型拟合度较好。

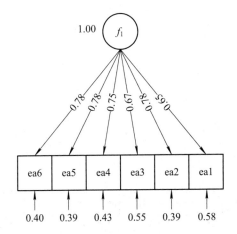

图 5.2　组织差错反感氛围验证性分析结果

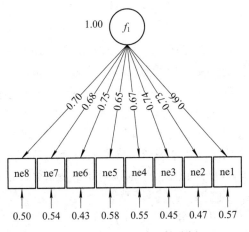

图 5.3　负性情绪验证性分析

表 5.2 中不安全行为量表包含两个维度,采用 Mplus7.4 软件进行验证性因子分析,从而探究每个变量的结构效度是否合理,验证性因子分析结果如图 5.4 所示。安全不服从行为和安全不参与行为,分别为 6 个条目。两因子模型的 CFA 结果显示各拟合指标为:$\chi^2 = 191.236$,$df = 52$,$p < 0.001$;RMSEA = 0.094,CFI = 0.939,TLI = 0.923。从指标看,虽然 RMSEA 的值未达到理想标准,但是接近 0.08,并且 CFI 和 TLI 的值达到标准,因此从模型评估指标来看,模型拟合度较好。

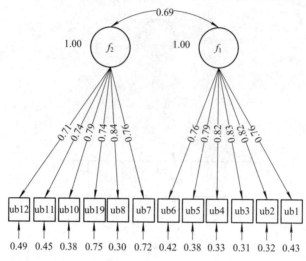

图 5.4 煤矿工人不安全行为验证性分析

2) 区分效度检验

在运用量表进行相关问题的测量时，往往容易出现共同方法偏差的问题，这个问题的主要原因是测量环境和测量题项的表达与被测量的个体之间产生的各种共振效应，这种多种因素叠加产生的偏差在行为学研究中普遍存在。

为了检验本研究中的 4 个变量(量表)的区分效度，即检验是否存在共同方法偏差，我们采用验证性因子分析比较不同模型的拟合度，检验结果如表 5.7 所示。若 4 个变量单独作为 4 个因子的模型的拟合度高于 4 个变量聚合为 1 个因子或者 2 个因子的模型的拟合度，则说明 4 个变量之间的区分效度很高。模型 1 为四因子模型，模型 2 为两因子模型，模型 3 为单因子模型。采用验证性因子分析方法进行模型区分效度检验，得到的分析结果见下表，结果表明四因子模型的拟合度最高。两因子模型与单因子模型相比，$\Delta\chi^2 = 988.91$，$\Delta df = 1$，$p < 0.0001$。四因子模型与两因子模型相比，$\Delta\chi^2 = 846.52$，$\Delta df = 5$，$p < 0.0001$。因此，四因子模型拟合度最好，表明四个变量具有良好的区分效度，并且不存在多重共线性的问题。

表 5.7 模型区分效度检验的分析结果

模型	χ^2	df	$\Delta\chi^2$	Δdf	CFI	RMSEA	TLI
单因子模型	4828.67	1224			0.511	0.099	0.49
两因子模型	3839.76	1223	988.91	1	0.645	0.084	0.630
四因子模型	2993.24	1218	846.52	5	0.795	0.069	0.748

5.2.3 各变量在不同人口学变量上的差异性检验

1. 不同年龄组、工人在各变量上的差异性检验

根据样本的年龄构成，按年龄将样本分为三类：25 岁及以下(42.4%)，26～35 岁(37.4%)，36 岁及以上(20.2%)。然后分别就不同年龄组工人的工作压力(从总体和不同维度方面检验)、组织差错反感氛围、不安全行为(从总体和不同维度方面检验)以及负性情绪进行差异性分析，结果如表 5.8 所示。

不同年龄组的工人在不安全行为及(感知到的)组织差错反感氛围方面差异显著；而在负性情绪方面，差异并不显著；在工作压力方面，不同年龄组的工人主要在工作环境的压力、自身岗位的压力以及人际关系的压力方面表现出差异性。

对于不安全行为，检验结果显示：

进一步进行事后比较分析发现，25 岁及以下工人比 26～35 岁工人的不安全行为更多，其他两组工人在不安全行为方面的差异均不显著。这主要是因为 25 岁及以下的工人在经验上还是有所欠缺，并且有时做事过于冲动，为了完成任务往往不顾安全生产规程，出现不安全行为，往往会出现好心办坏事的情况。

对于工作压力，检验结果显示：25 岁及以下工人的工作压力更大，显著大于 26～35 岁工人及 36 岁及以上的工人。25 岁及以下的工人往往面临着收入不高、职位较低等问题，这导致其工作压力较大。此外，由于对工作环境可能还不是特别熟悉，工作中能够倾诉的对象较少，导致工作压力不断积累，如果不能及时排解，往往会有严重的后果。

对于组织差错反感氛围，检验结果显示：25 岁及以下的工人感知到的组织差错反感氛围最大，显著大于 26～35 岁工人及 36 岁及以上的工人。出现这种结果的原因是：年轻工人在工作中过于敏感，对自身出现的问题往往担心过多，对别人的看法过于在意，年轻人往往也更加在乎面子，工作犯了错误之后往往更倾向于掩饰错误，这种情况随着年龄和工龄的增长会逐渐减少。

表 5.8 不同年龄组工人在各变量上的差异性检验结果

变量	检验情况	平方和	自由度	均方	F	p
工作压力	组间变异	2.872	2	1.436	4.545	0.011
	组内变异	94.460	599	0.316		
	总变异	97.332	602			
维度 1：工作环境压力	组间变异	9.029	2	4.514	7.086	0.001
	组内变异	190.489	599	0.637		
	总变异	199.518	602			

变量	检验情况	平方和	自由度	均方	F	p
维度2： 岗位责任压力	组间变异	7.023	2	3.512	5.311	0.005
	组内变异	197.692	599	0.661		
	总变异	204.715	602			
维度3： 人际关系压力	组间变异	12.951	2	6.476	8.433	0.000
	组内变异	229.597	599	0.768		
	总变异	242.548	602			
维度4： 职业发展压力	组间变异	2.943	2	1.472	1.636	0.197
	组内变异	269.006	599	0.900		
	总变异	271.949	602			
维度5： 家庭环境压力	组间变异	3.546	2	1.773	2.045	0.131
	组内变异	259.269	599	0.867		
	总变异	262.815	602			
维度6： 组织体制压力	组间变异	0.928	2	0.464	1.170	0.312
	组内变异	118.622	599	0.397		
	总变异	119.550	602			
组织差错反感氛围	组间变异	12.975	2	6.487	7.576	0.001
	组内变异	256.023	599	0.856		
	总变异	268.998	602			
不安全行为	组间变异	8.454	2	4.227	5.841	0.003
	组内变异	216.384	599	0.724		
	总变异	224.839	602			
安全不服从行为	组间变异	7.597	2	3.798	4.329	0.014
	组内变异	262.328	599	0.877		
	总变异	269.924	602			
安全不参与行为	组间变异	9.365	2	4.683	5.155	0.006
	组内变异	271.629	599	0.908		
	总变异	280.994	602			
负性情绪	组间变异	1.837	2	0.918	1.442	0.238
	组内变异	190.387	599	0.637		
	总变异	192.224	602			

2. 不同班组工人在各变量上的差异性检验

不同班组工人在各变量上的差异性检验结果如表 5.9 所示，生产班组和辅助班组在不安全行为、工作压力(分为总压力和各工作压力维度)、负性情绪以及组织差错反感氛围上均不存在显著差异，不同生产班组和辅助班组在工作压力上的差异主要表现在人际关系压力方面。

表 5.9　不同班组工人在各变量上的差异性检验结果

变量	检验情况	平方和	自由度	均方	F	p
工作压力	组间变异	0.609	1	0.609	1.888	0.170
	组内变异	96.723	600	0.322		
	总变异	97.332	602			
维度 1： 工作环境压力	组间变异	0.106	1	0.106	0.159	0.69
	组内变异	199.412	600	0.665		
	总变异	199.518	602			
维度 2： 岗位责任压力	组间变异	0.181	1	0.181	0.265	0.607
	组内变异	204.534	600	0.682		
	总变异	204.715	602			
维度 3： 人际关系压力	组间变异	3.738	1	3.738	4.695	0.031
	组内变异	238.811	600	0.796		
	总变异	242.548	602			
维度 4： 职业发展压力	组间变异	0.952	1	0.952	1.054	0.305
	组内变异	270.996	600	0.903		
	总变异	271.949	602			
维度 5： 家庭环境压力	组间变异	0.739	1	0.739	0.846	0.358
	组内变异	262.076	600	0.874		
	总变异	262.815	602			
维度 6： 组织体制压力	组间变异	0.026	1	0.026	0.066	0.798
	组内变异	119.523	600	0.398		
	总变异	119.55	602			
组织差错反感氛围	组间变异	1.207	1	1.207	1.352	0.246
	组内变异	267.791	600	0.893		
	总变异	268.998	602			

续表

变量	检验情况	平方和	自由度	均方	F	p
不安全行为	组间变异	1.711	1	1.711	2.300	0.130
	组内变异	223.128	600	0.744		
	总变异	224.839	602			
安全不服从行为	组间变异	1.328	1	1.328	1.483	0.224
	组内变异	268.596	600	0.895		
	总变异	269.924	602			
安全不参与行为	组间变异	2.141	1	2.141	2.304	0.13
	组内变异	278.853	600	0.93		
	总变异	280.994	602			
负性情绪	组间变异	0.585	1	0.585	0.916	0.339
	组内变异	191.639	600	0.639		
	总变异	192.224	602			

3. 婚姻状况对各变量的影响

婚姻状况对各变量的影响结果如表 5.10 所示，已婚的工人感知到的组织差错反感氛围更强，在工作压力维度上差异显著，主要表现为未婚工人的工作环境压力、岗位责任压力和人际关系压力以及职业发展压力均要大于已婚工人；在其他变量上差异不显著。

表 5.10 婚姻状况对各变量的影响结果

变量	检验情况	平方和	自由度	均方	F	p
工作压力	组间变异	1.066	1	1.066	3.394	0.066
	组内变异	93.294	597	0.314		
	总变异	94.360	598			
维度 1: 工作环境压力	组间变异	3.743	1	3.743	5.847	0.016
	组内变异	190.107	597	0.64		
	总变异	193.85	598			
维度 2: 岗位责任压力	组间变异	6.347	1	6.347	9.825	0.002
	组内变异	191.869	597	0.646		
	总变异	198.216	598			

变量	检验情况	平方和	自由度	均方	F	p
维度 3： 人际关系压力	组间变异	8.369	1	8.369	10.868	0.001
	组内变异	228.713	597	0.77		
	总变异	237.082	598			
维度 4： 职业发展压力	组间变异	4.439	1	4.439	5.068	0.025
	组内变异	260.107	597	0.876		
	总变异	264.546	598			
维度 5： 家庭环境压力	组间变异	1.615	1	1.615	1.871	0.172
	组内变异	256.44	597	0.863		
	总变异	258.055	598			
维度 6： 组织体制压力	组间变异	0.1	1	0.1	0.249	0.618
	组内变异	119.283	597	0.402		
	总变异	119.383	598			
组织差错反感氛围	组间变异	9.803	1	9.803	11.561	0.001
	组内变异	251.836	597	0.848		
	总变异	261.639	598			
不安全行为	组间变异	0.611	1	0.611	0.812	0.368
	组内变异	223.519	597	0.753		
	总变异	224.130	598			
维度： 安全不服从行为	组间变异	0.015	1	0.015	0.016	0.899
	组内变异	269.24	597	0.907		
	总变异	269.255	598			
维度： 安全不参与行为	组间变异	2.079	1	2.079	2.222	0.137
	组内变异	277.948	597	0.936		
	总变异	280.028	598			
负性情绪	组间变异	1.343	1	1.343	2.139	0.145
	组内变异	186.466	597	0.628		
	总变异	187.808	598			

4. 学历对各变量的影响

学历对各变量的影响结果如表 5.11 所示，不同最高学历的工人在工作压力、感知到的组织差错反感氛围以及不安全行为方面有显著的差异，而在负性情绪方面差异不显著。事后检验显示，对于工作压力，高中、职高、中专及以下的工人工作压力最大，而大专及以上学历的工人工作压力最小。对于组织差错反感氛围的感知，学历越低，感知到的组织反感氛围越高。大专及以上学历的工人感知到的组织差错反感氛围最低。另外，在不安全行为方面，大专学历的工人的不安全行为显著低于高中、职高、中专及以下学历的工人。

表 5.11　学历对各变量的影响结果

变量	检验情况	平方和	自由度	均方	F	p
工作压力	组间变异	3.524	3	1.175	3.732	0.012
	组内变异	93.808	598	0.315		
	总变异	97.332	602			
维度1： 工作环境压力	组间变异	7.977	3	2.659	4.137	0.007
	组内变异	191.541	598	0.643		
	总变异	199.518	602			
维度2： 岗位责任压力	组间变异	5.435	3	1.812	2.709	0.045
	组内变异	199.279	598	0.669		
	总变异	204.715	602			
维度3： 人际关系压力	组间变异	8.626	3	2.875	3.663	0.013
	组内变异	233.922	598	0.785		
	总变异	242.548	602			
维度4： 职业发展压力	组间变异	3.067	3	1.022	1.133	0.336
	组内变异	268.882	598	0.902		
	总变异	271.949	602			
维度5： 家庭环境压力	组间变异	9.802	3	3.267	3.848	0.01
	组内变异	253.013	598	0.849		
	总变异	262.815	602			
维度6： 组织体制压力	组间变异	0.838	3	0.279	0.701	0.552
	组内变异	118.712	598	0.398		
	总变异	119.55	602			

续表

变量	检验情况	平方和	自由度	均方	F	p
组织差错反感氛围	组间变异	14.004	3	4.668	5.455	0.001
	组内变异	254.994	598	0.856		
	总变异	268.998	602			
不安全行为	组间变异	9.433	3	3.144	4.350	0.005
	组内变异	215.406	598	0.723		
	总变异	224.839	602			
维度 1：安全不服从行为	组间变异	10.706	3	3.569	4.103	0.007
	组内变异	259.218	598	0.87		
	总变异	269.924	602			
维度 2：安全不参与行为	组间变异	8.827	3	2.942	3.222	0.023
	组内变异	272.167	598	0.913		
	总变异	280.994	602			
负性情绪	组间变异	3.810	3	1.270	2.009	0.113
	组内变异	188.413	598	0.632		
	总变异	192.224	602			

5. 不同工龄工人在各变量上的差异检验

不同工龄工人在各变量上的差异检验结果如表 5.12 所示，分析发现，不同工龄工人在工作压力和不安全行为上的差异表现显著，感知到组织差错反感氛围存在显著的差异，而在负性情绪上不存在显著差异。

表 5.12　不同工龄工人在各变量上的差异检验结果

变量	检验情况	平方和	自由度	均方	F	p
工作压力	组间变异	1.687	2	0.843	2.636	0.073
	组内变异	95.645	599	0.320		
	总变异	97.332	602			
维度 1：工作环境压力	组间变异	4.475	2	2.237	3.43	0.034
	组内变异	195.043	599	0.652		
	总变异	199.518	602			

变量	检验情况	平方和	自由度	均方	F	p
维度2： 岗位责任压力	组间变异	6.565	2	3.283	4.953	0.008
	组内变异	198.15	599	0.663		
	总变异	204.715	602			
维度3： 人际关系压力	组间变异	4.37	2	2.185	2.743	0.066
	组内变异	238.179	599	0.797		
	总变异	242.548	602			
维度4： 职业发展压力	组间变异	1.351	2	0.675	0.746	0.475
	组内变异	270.598	599	0.905		
	总变异	271.949	602			
维度5： 家庭环境压力	组间变异	6.292	2	3.146	3.667	0.027
	组内变异	256.523	599	0.858		
	总变异	262.815	602			
维度6： 组织体制压力	组间变异	1.325	2	0.663	1.676	0.189
	组内变异	118.225	599	0.395		
	总变异	119.55	602			
组织差错反感氛围	组间变异	6.708	2	3.354	3.824	0.023
	组内变异	262.290	599	0.877		
	总变异	268.998	602			
不安全行为	组间变异	3.784	2	1.892	2.559	0.079
	组内变异	221.055	599	0.739		
	总变异	224.839	602			
安全不服从行为	组间变异	2.049	2	1.024	1.143	0.32
	组内变异	267.876	599	0.896		
	总变异	269.924	602			
安全不参与行为	组间变异	6.675	2	3.338	3.638	0.027
	组内变异	274.319	599	0.917		
	总变异	280.994	602			
负性情绪	组间变异	2.575	2	1.287	2.030	0.133
	组内变异	189.649	599	0.634		
	总变异	192.224	602			

事后检验发现,对工作压力而言,6 年以上工龄工人的工作压力要小于 1~3 年工龄的工人。对于感知到的组织差错反感氛围,6 年以上工龄的工人感知到的组织差错反感氛围显著低于 1~3 年工龄的工人。在不安全行为上,1~3 年工龄的工人的不安全行为显著高于 6 年以上工龄的工人,这说明随着煤矿工人工作年限的增长,在工作中对工作差错的应对越来越熟练,对工作中的各种问题的处理越来越顺手,自身的抗压能力也越来越强。

5.2.4　不同变量的相关分析

1. 实证检验过程

本研究根据 2.2.1 节构建的概念模型和 2.2.1 节所提出的相关假设,采用 SPSS22.0 进行了各变量之间的相关分析,工作压力、组织差错反感氛围、负性情绪及不安全行为之间关系的实证检验结果如表 5.13 所示。

表 5.13　各变量相关分析结果表

	JS1	JS 2	JS 3	JS 4	JS 5	JS 6	JS	EA	UB1	UB 2	UB	NE
JS1	1											
JS2	0.567**	1										
JS3	0.500**	0.467**	1									
JS4	0.361**	0.466**	0.230**	1								
JS5	0.426**	0.492**	0.346**	0.374**	1							
JS6	0.121*	0.163**	0.118*	0.138*	0.177**	1						
JS	0.747**	0.794**	0.676**	0.666**	0.722**	0.371**	1					
EA	0.442**	0.625**	0.345**	0.344**	0.470**	0.034	0.578**	1				
UB1	0.447**	0.278**	0.152*	0.233**	0.427**	0.072*	0.409**	0.362**	1			
UB2	0.401**	0.295**	0.181**	0.195**	0.365**	0.011*	0.389**	0.396**	0.633**	1		
UB	0.469**	0.317**	0.184**	0.236**	0.438**	0.101	0.441**	0.420**	0.901**	0.906**	1	
NE	0.472**	0.343**	0.186**	0.392**	0.343**	0.066	0.460**	0.336**	0.482**	0.479**	0.532**	1

注:$p < 0.10$,$^*p < 0.05$,$^{**}p < 0.01$。

2. 实证检验结果分析

通过对工作压力、组织差错反感氛围、负性情绪及不安全行为之间进行的相关分析发现,工作压力各维度、组织差错反感氛围、负性情绪及不安全行为各个维度两两之间均显著相关。

3. 实证检验结果讨论

煤矿工人工作环境压力与安全不参与行为的相关系数为 0.447，因此我们可知假设 1-1 成立；煤矿工人岗位责任压力与安全不参与行为的相关系数为 0.278，因此我们可知假设 1-3 成立；煤矿工人人际关系压力与安全不参与行为的相关系数为 0.152，因此我们可知假设 1-5 成立；煤矿工人职业发展压力与安全不参与行为的相关系数为 0.233，因此我们可知假设 1-7 成立；煤矿工人家庭环境压力与安全不参与行为的相关系数为 0.427，因此我们可知假设 1-9 成立；煤矿工人组织体制压力与安全不参与行为的相关系数为 0.072，因此我们可知假设 1-11 成立。

煤矿工人工作环境压力与安全不服从行为的相关系数为 0.401，因此我们可知假设 1-2 成立；煤矿工人岗位责任压力与安全不服从行为的相关系数为 0.295，因此我们可知假设 1-4 成立；煤矿工人人际关系压力与安全不服从行为的相关系数为 0.181，因此我们可知假设 1-6 成立；煤矿工人职业发展压力与安全不服从行为的相关系数为 0.195，因此我们可知假设 1-8 成立；煤矿工人家庭环境压力与安全不服从行为的相关系数为 0.365，因此我们可知假设 1-10 成立；煤矿工人组织体制压力与安全不服从行为的相关系数为 0.011，因此我们可知假设 1-12 成立。

通过相关分析我们发现，煤矿工人工作压力各维度与不安全行为各维度显著相关，与我们理论假设基本吻合。在此基础上我们进一步进行煤矿工人工作压力对不安全行为影响的路径分析。

5.3 工作压力对不安全行为影响的中介效应与调节作用的跨层次检验

5.3.1 工作压力对不安全行为的影响：负性情绪的中介效应

1. 实证检验过程

本研究采用温忠麟等(2014)[195]对中介效应进行分析的步骤与方法，对所作假设进行实证分析。

表 5.18 为负性情绪在工作压力对不安全行为影响中的中介作用检验表。从表 5.18 可以看出，煤矿工人工作压力 6 个维度和煤矿工人不安全行为的两个

维度之间具有正相关关系，即煤矿工人感知到的各个维度的工作压力越大，工人表现出来的不安全行为(包括安全不参与行为和安全不服从行为)也显著。同时也会发现煤矿工人工作压力与负性情绪之间呈显著的正相关关系，煤矿工人负性情绪与不安全行为之间呈显著正相关关系。本小节研究主要检验煤矿工人负性情绪在煤矿工人各个工作压力维度之间和安全不参与行为及安全不服从行为之间表现出的一定的中介作用。

表 5.18　负性情绪在工作压力对不安全行为影响中的中介作用检验表

变量	负性情绪	安全不参与行为		安全不服从行为	
		步骤 1	步骤 2	步骤 1	步骤 2
控制变量					
年龄	0.084	−0.137*	−0.163*	−0.007	−0.038
班组	0.077	0.114	0.091	0.132*	0.104*
学历	−0.038	−0.072	−0.06	−0.06	−0.047
婚姻情况	−0.083	−0.096	−0.071	0.004	0.034
工龄	−0.059	0.031	0.049	−0.083	−0.061
自变量					
JS1	0.371**	0.378**	0.265**	0.302**	0.167*
JS2	0.031*	0.042*	0.052*	0.018*	0.006
JS3	0.087*	0.141**	0.115*	0.07*	0.038*
JS4	0.203**	0.02*	0.042*	0.009*	0.065*
JS5	0.137*	0.324**	0.282**	0.228**	0.178**
JS6	0.029	0.005	0.003	0.047	0.058
负性情绪中介作用					
			0.305**		0.364**
F	11.617**	11.698**	14.247**	8.05**	11.61**
R^2	0.308	0.31	0.374	0.236	0.328
ΔR^2			0.065		0.092

注：$^*p<0.05$，$^{**}p<0.01$。

2. 实证检验结果分析

从表 5.18 可以得出，工作环境压力对安全不参与行为的总效应为 0.378，其中，直接效应为 0.265，通过负性情绪起中介作用的间接效应为 0.371 × 0.305；工作环境压力对安全不服从行为的总效应为 0.302，其中直接效应为 0.167，通过负性情绪起中介作用的间接效应为 0.371 × 0.364。

人际关系压力对安全不参与行为的总效应为 0.141，其中，直接效应为 0.115，通过负性情绪起中介作用的间接效应为 0.087 × 0.305；人际关系压力对安全不服从行为的总效应为 0.07，其中，直接效应为 0.038，通过负性情绪起中介作用的间接效应为 0.087 × 0.364。

职业发展压力对安全不参与行为的总效应为 0.02，其中，直接效应为 0.042，通过负性情绪起中介作用的间接效应为 0.203 × 0.305；职业发展压力对安全不服从行为的总效应为 0.009，其中，直接效应为 0.065，通过负性情绪起中介作用的间接效应为 0.203 × 0.364。

家庭环境压力对安全不参与行为的总效应为 0.324，其中，直接效应为 0.282，通过负性情绪起中介作用的间接效应为 0.137 × 0.305；家庭环境压力对安全不服从行为的总效应为 0.228，其中，直接效应为 0.178，通过负性情绪起中介作用的间接效应为 0.137 × 0.364。

岗位责任压力在模型检验中起到的中介效应较显著，而组织体制压力在模型检验中起到中介效应并不显著，可能由于工作岗位与组织体制压力相对固定，煤矿工人在长期工作中已经适应，对这类压力变化并不敏感。

3. 实证检验结果讨论

(1) 工作压力既直接影响煤矿工人的不安全行为，也通过负性情绪起中介作用影响煤矿工人的不安全行为。本研究采用分层回归的方法实证检验了在煤矿工人工作压力对其不安全行为影响的过程中，负性情绪所起的中介作用机制。研究发现，负性情绪在煤矿工人工作压力各个维度与不安全行为之间所起的中介作用效果显著，说明负性情绪是传递煤矿工人工作压力对煤矿工人不安全行为影响的主要路径之一。压力-情绪反应机制的验证表明在工作压力—不安全行为的产生机制中，存在一条重要的"工作压力传播—负性情绪感染—不安全行为产生"的链条，这一结论启示相关研究学者，煤矿工人的工作压力影响不安全行为产生的过程也许是一个负性情绪不断积聚并最终释放的过程，煤矿企业也可以通过有效缓解煤矿工人的负性情绪来减少煤矿工人不安全行为的发生。

(2) 煤矿工人产生不安全行为的动机往往不是某个单一因素，其中负性情绪起到了重要的作用。过去对不安全行为的研究往往从外部因素出发，如研究安全奖惩等是否影响煤矿工人的不安全行为。本书将煤矿工人自身在安全生产中产生的负性情绪作为中介因素，检验煤矿工人工作压力是否对工作中的不安全行为有显著的影响，结果表明煤矿工人工作环境压力、岗位责任压力、人际关系压力、职业发展压力、家庭环境压力、组织体制压力对其不安全行为的两个维度包括安全不参与行为和安全不服从行为都有着显著的负面影响，这与本书根据压力-情绪理论所构建的煤矿工人工作压力对不安全行为影响的作用机制模型一致。

这一结论也说明负性情绪是煤矿工人不安全行为的重要内部诱因之一，而不安全行为是煤矿工人负性情绪的外化结果，在一定可控程度下负性情绪的产生与宣泄有助于提升煤矿工人的适应能力，缓解其过度紧张的精神压力，但是如果负性情绪一直积累并且得不到有效宣泄，就会对煤矿工人个体的行为产生必然的负面影响。

在相对较差的环境中工作，煤矿工人在承受工作压力的同时还要保证一定安全生产效率。煤矿工人往往在工作中产生较多的负性情绪，当负性情绪积累到一定程度，如果没有合理的渠道进行宣泄，往往就会在工作中以不安全行为的方式表现出来，所以说不安全行为是负性情绪在一定的工作压力下产生并聚集后的表现形式。

(3) 在中国国情情境下，煤矿工人所承受的工作压力与国外研究并不完全一致，其主要表现为在中国国情情境下煤矿工人往往承担更多的家庭压力与集体责任，往往在工作中更能够长期忍受较差的环境；但是长期承受这些压力，煤矿工人往往会积累严重的负性情绪，并且在自动化、机械化的时代，工作节奏不断加快，煤矿工人的情感诉求往往被湮没在不断增加的工作压力与产能中，被不断忽略。现有研究中对煤矿工人负性情绪的研究并不多，压力-情绪理论认为个体在承受压力之后其情绪反应会受到影响，最终其精神状态、行为反应、工作效率等会受到影响。根据这一理论，本研究通过构建压力与煤矿工人不安全行为的作用模型，研究表明：煤矿工人的工作压力引发其负性情绪，并进而导致其工作中出现抵触性的安全不参与行为和排斥性的安全不服从行为。

5.3.2　负性情绪对不安全行为的影响：组织差错反感氛围的调节作用

1. 实证检验过程

前文我们假设组织差错反感氛围对负性情绪与不安全行为之间的关系具有负面调节作用，具体而言：当员工感受到组织差错反感氛围越低，则负性情绪与不安全行为之间的关系越强。基于此，采用分层回归分析，对组织差错反感氛围和负性情绪进行中心化调节以防止数据的多重共线性，之后将两者相乘产生交互项。第一层放入自变量和调节变量，第二层放入交互项，若交互项对不安全行为的回归系数影响显著，则表明组织差错反感氛围的调节作用显著，该调节作用检验结果如表 5.19 所示。

表 5.19　组织差错反感氛围在负性情绪对不安全行为影响中的调节作用检验表

变量	安全不参与行为		安全不服从行为	
	步骤 1	步骤 2	步骤 1	步骤 2
第一层				
年龄	−0.154	−0.159	−0.022	−0.029
班组	0.099	0.103	0.111	0.117
学历	−0.046	−0.042	−0.026	−0.021
婚姻情况	−0.082	−0.078	0.025	0.032
工龄	0.015	0.019	−0.082	−0.077
组织差错反感氛围	0.398	0.404	0.393	0.402
负性情绪	0.216	0.201	0.249	0.227
第二层　负性情绪*组织差错反感氛围 β				
		−0.059		−0.084†
F	17.78**	15.74**	19.404**	17.429**
R^2	0.3	0.303	0.318	0.325
ΔR^2		0.003		0.006

注：$^*p<0.05$，$^{**}p<0.01$，$†p<0.10$。

2. 实证检验结果

如表 5.19 所示，实证检验结果表明，对安全不参与行为而言，交互作用不显著，$\beta = -0.059$，$p > 0.24$；对安全不服从行为而言，交互效应的回归系数边缘显著，$\beta = -0.084$，$p = 0.093$，这说明组织差错反感氛围对负性情绪与不安全行为各维度具有一定的调节作用。

组织差错反感氛围调节作用图如图 5.5 所示。进一步通过斜率分析发现，取组织差错反感氛围高于平均值一个标准差作为组织差错反感氛围高水平组，取组织差错反感氛围低于一个标准差作为组织差错反感氛围低水平组。

结果发现，当组织差错反感氛围调节作用水平较高时，简单斜率等于 0.404，标准差为 0.067，$t = 5.95$，$p < 0.001$；当组织差错反感氛围调节作用水平较低时，简单斜率等于 0.565，标准差为 0.074，$t = 7.595$，$p < 0.001$。

因此组织差错反感氛围水平较低的煤矿工人产生的负性情绪与不安全行为之间的关系比组织差错反感氛围水平较高的煤矿工人产生的负性情绪与不安全行为之间的关系更显著。

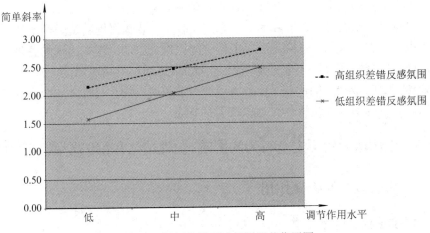

图 5.5　组织差错反感氛围调节作用图

3. 实证检验结果讨论

差错是一种相对负性的行为，在煤矿安全生产中，差错往往表现为煤矿工人的不安全行为。煤矿工人在长时间的井下生产工作中，会有情绪的波动，随之而来的工作压力往往会导致各类的不安全行为的出现，如果煤矿管理层不对这些问题加以重视，那么小错会变成大错，小失误往往会酿成大事故。在煤矿生产当中，煤矿工人为了完成生产任务，多拿奖金少被罚款，往往非常害怕出现各类不安全行为，因为一旦发生不安全行为，往往意味着奖金被扣、被记录违章甚至调离收入较高的操作岗位或者停工培训，所以煤矿工人一般会尽量采取措施掩盖犯下的错误，这种存在于煤矿组织中的氛围就是煤矿组织差错反感氛围。

本研究引入组织差错反感氛围这一调节变量，研究了组织差错反感氛围在负性情绪对不安全行为的影响过程中的调节作用。研究发现，负性情绪在煤矿工人工作压力与不安全行为之间起到一定中介作用，组织差错反感氛围在负性情绪对不安全行为的影响路径中起到了一定的调节作用。

在研究中也发现组织差错反感氛围对负性情绪与不安全行为各维度具有一定的调节作用。组织差错反感氛围较低的情况下，煤矿工人的负性情绪更容易积累，从而对煤矿工人的不安全行为影响较为显著。在实际工作中也是如此，根据实际调研情况，往往安全绩效和生产氛围较好的班组在其他方面也较为理想，特别是老、中、青年龄结构合理的班组，对于工作中出现的各类问题，能够迅速且有效地处理，从而在工作中能够形成一个良性循环，不论是否出现错误，大家都能够积极面对，出了问题也能够耐心解决。

这也就启示我们，在实际的安全生产过程中，要积极地营造一个健康向上的班组团队工作氛围，不论是面对工作中的困难，还是工作中出现的各种各样的错误，都要认真对待，不能逃避，应该主动面对，通过灵活运用"二八法则"，先处理好 20% 最严重的问题，这样就可以有效控制局面；同时有效地进行情绪管理，将自身的负性情绪尽量消灭在萌芽状态。

5.3.3 工作压力对不安全行为的影响：负性情绪和组织差错反感氛围的有调节的中介作用

1. 实证检验过程

以上分析已经表明，工作压力通过负性情绪的部分中介作用影响不安全行为，并且工作压力也对不安全行为有直接影响。因此，我们在考虑组织差错反感氛围的调节作用时，需要考虑其调节作用是在工作压力与不安全行为之间直接起作用的还是在负性情绪对不安全行为的影响中起中介作用，该作用概念图如图 5.6 所示。

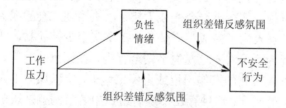

图 5.6　负性情绪和组织差错反感氛围有调节的中介作用概念图

本节采用分层回归方法进行在工作压力对不安全行为影响过程中负性情绪和组织差错反感氛围的有调节的中介作用检验，检验结果见表 5.20。

表 5.20　负性情绪和组织差错反感的有调节的中介作用跨层次检验表

变量	不安全行为		
	步骤 1	步骤 2	步骤 3
第一层			
年龄	−0.086	−0.065	−0.068
学历	−0.113*	−0.014	−0.006
工龄	−0.065	−0.035	−0.032
第二层			
工作压力	0.143*	0.128*	0.128*
组织差错反感氛围	0.198**	0.186**	0.163**
负性情绪	0.392**	0.410**	0.425**
第三层			
工作压力*组织差错反感氛围			0.048
负性情绪*组织差错反感氛围			−0.109*
F	3.43*	28.61**	22.12**
R^2	0.033	0.368	0.377
ΔR^2		0.334	0.009

注：$^*p<0.05$，$^{**}p<0.01$。

检验过程说明如下，采用分层回归的方法，第一层放入之前人口学变量中影响不安全行为的因素：年龄、学历、工龄；第二层放入自变量：工作压力、调节变量组织差错反感氛围以及中介变量负性情绪；第三层放入交互项，调节变量与自变量的交互项代表组织差错反感氛围对直接效应的调节，调节变量与中介变量的交互项代表组织差错反感对中介效应的调节。在放入变量之前，对变量进行中心化防止多重共线性。

为了进一步说明组织差错反感的调节效应的具体机制，将样本按照组织差错反感氛围的大小分为两组：高调节组和低调节组。高于组织差错反感氛围均值一个标准差的数据作为高调节组，低于组织差错反感均值一个标准差的数据作为低调节组。分别分析高低样本中，负性情绪在工作压力与不安全行为之间的中介作用，分析结果见表 5.21。

表 5.21　负性情绪对高低调节组中介作用检验表

	低调节组		高调节组	
	负性情绪	不安全行为	负性情绪	不安全行为
工作压力	0.311*	0.025	0.291	0.011
负性情绪		0.537**		0.216

注：$^*p<0.05$，$^{**}p<0.01$。

2. 实证检验结果

由表 5.20 的数据可知，F 的变化情况：F 分别为 3.43、28.61 和 22.12；$^*p<0.05$，因此三个回归模型均成立；第二层的变量均与不安全行为显著正相关，第三层中的交互项中，负性情绪与组织差错反感氛围的交互项与不安全行为有负相关关系。

实证检验结果表明，组织差错反感氛围调节了工作压力对不安全行为影响的间接作用，也就是说，组织差错反感氛围调节了负性情绪在其中的中介作用。第一层的变量能够解释不安全行为的 3.3% 的变异，第二层变量能够解释 33.4% 的不安全行为的数据变异，并且调节效应能够解释 0.9% 的变异。

由表 5.21 中可知，在低调节组，负性情绪在工作压力与不安全行为之间起中介效应，在高调节组，负性情绪没有在工作压力与不安全行为之间表现出中介效应。也就是说，假如工人感知到的组织差错反感氛围较低，他们的工作压力对不安全行为的影响会受到负性情绪的部分中介作用，也就是他们的工作压力会让他们产生负性情绪，从而增加他们的不安全行为；而假如工人感知到的组织差错反感氛围较高，工作压力直接影响不安全行为，不会通过负性情绪进行影响。

3. 实证检验结果讨论

安全生产作为煤矿安全管理中的重要工作，需要多方的配合，多管齐下才能够有效治理不安全行为。煤矿工人的工作压力是重要的影响煤矿工人不安全行为的前因变量，通过进一步研究煤矿工人的工作压力对不安全行为的作用机制，丰富和深化了对煤矿工人安全生产过程当中的有关个体心理特征的研究，同时将组织差错反感氛围作为其调节变量，使本研究跨越了组织和个体两个层面。

研究发现，在组织差错反感氛围较低的时候，负性情绪在工作压力与不安全行为之间会存在部分中介效应。这也在一定程度上说明，组织差错反感氛围能够有效调节组织中的工作氛围；在煤矿生产组织中，煤矿工人的情绪也需要在一个相对合理的环境中才能够得到有效的调节。在组织差错反感氛围较低的情况下，往往意味着煤矿组织中的人员对于不安全行为等差错的出现有不积极的态度，组织中的每个人都在想方设法逃避失误、掩盖失误，对一名在这样的环境中工作的煤矿工人而言，无论其工作如何认真，但其最终的绩效考评结果和那些经常的发生错误的同事的一样。长期以往，很多员工在工作压力、经济奖惩等因素的影响下负性情绪会不断积累，以往最终外化为其在工作中的行为表现，甚至从小的违规等不安全行为演化成为重大不安全行为，造成安全事故。

5.3.4　检验结果总结与作用模型确定

本部分研究的假设检验结果如表 5.22 所示。由本部分实证研究可知，部分假设的检验结果不成立，即煤矿工人负性情绪在煤矿工人岗位责任压力与安全不服从行为和安全不参与行为之间不存在中介作用，煤矿工人负性情绪在煤矿工人组织体制压力与安全不服从行为和安全不参与行为之间不存在中介作用。

表 5.22　假设检验结果

假设类型	假设	假 设 内 容	检验结果
直接效应	假设 1	煤矿工人工作压力与不安全行为显著负相关	成立
	假设 1-1	煤矿工人工作环境压力与安全不参与行为负相关	成立
	假设 1-2	煤矿工人工作环境压力与安全不服从行为负相关	成立
	假设 1-3	煤矿工人岗位责任压力与安全不参与行为负相关	成立
	假设 1-4	煤矿工人岗位责任压力与安全不服从行为负相关	成立
	假设 1-5	煤矿工人人际关系压力与安全不参与行为负相关	成立
	假设 1-6	煤矿工人人际关系压力与安全不服从行为负相关	成立
	假设 1-7	煤矿工人职业发展压力与安全不参与行为负相关	成立
	假设 1-8	煤矿工人职业发展压力与安全不服从行为负相关	成立
	假设 1-9	煤矿工人家庭环境压力与安全不参与行为负相关	成立
	假设 1-10	煤矿工人家庭环境压力与安全不服从行为负相关	成立
	假设 1-11	煤矿工人组织体制压力与安全不参与行为负相关	成立
	假设 1-12	煤矿工人组织体制压力与安全不服从行为负相关	成立

续表

假设类型	假设	假 设 内 容	检验结果
中介效应	假设 2	负性情绪在煤矿工人工作压力与不安全行为之间有一定的中介作用	成立
	假设 2-1	负性情绪在煤矿工人环境压力与安全不参与行为间有一定的中介作用	成立
	假设 2-2	负性情绪在煤矿工人环境压力与安全不服从行为间有一定的中介作用	成立
	假设 2-3	负性情绪在煤矿工人岗位责任压力与安全不参与行为间有一定的中介作用	成立
	假设 2-4	负性情绪在煤矿工人岗位责任压力与安全不服从行为间有一定的中介作用	成立
	假设 2-5	负性情绪在煤矿工人人际关系压力与安全不参与行为之间有一定中介作用	成立
	假设 2-6	负性情绪在煤矿工人人际关系压力与安全不服从行为之间有一定中介作用	成立
	假设 2-7	负性情绪在煤矿工人职业发展压力与安全不参与行为之间有一定中介作用	成立
	假设 2-8	负性情绪在煤矿工人职业发展压力与安全不服从行为之间有一定中介作用	成立
	假设 2-9	负性情绪在煤矿工人家庭环境压力与安全不参与行为间有一定的中介作用	成立
	假设 2-10	负性情绪在煤矿工人家庭环境压力与安全不服从行为间有一定中介作用	成立
	假设 2-11	负性情绪在煤矿工人组织体制压力与安全不参与行为间有一定中介作用	不成立
	假设 2-12	负性情绪在煤矿工人组织体制压力与安全不服从行为间有一定中介作用	不成立
调节效应	假设 3	组织差错反感氛围在煤矿工人工作压力与不安全行为之间起调节作用	成立
	假设 3-1	组织差错反感氛围在煤矿工人工作压力与不安全行为路径之间起调节作用	成立
	假设 3-3	组织差错反感氛围在煤矿工人负性情绪与不安全行为路径之间起调节作用	成立

通过以上研究，在验证了 2.2.2 所提各项假设的基础上确定了煤矿工人工作压力对不安全行为的影响机制模型，如图 5.2 所示。

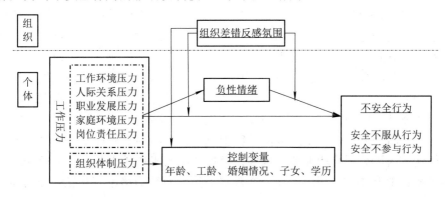

图 5.2　工作压力对不安全行为的影响作用模型

本 章 小 结

本章在前文对煤矿工人所面临的工作压力结构进行科学划分的前提下，在对工作压力在煤矿工人工作面上的传播规律进行进一步研究的基础上，引入煤矿工人工作压力和不安全行为之间的中介变量——负性情绪，从而对工作压力与不安全行为之间的相关关系进行分析与解释，同时引入组织差错反感氛围这一在安全生产领域长期存在而又少有人研究的变量，将其作为工作压力与不安全行为之间的调节变量进行研究，主要得到以下结论：

(1) 根据相关理论构建了煤矿工人工作压力对煤矿工人不安全行为影响的跨层次概念模型，并在理论阐述的基础上提出了相关假设，其中负性情绪在工作压力与不安全行为之间起中介作用，而组织差错反感氛围在这两者间起调节作用，并在最后给出了对相关变量进行测量的操作性定义。

(2) 对人口学测量中的各变量的差异性进行了相关检验，研究表明不同年龄组在工作压力和不安全行为以及感知到的组织差错反感氛围方面的差异显著，而在负性情绪上差异不显著；生产班组和辅助班组在不安全行为、工作压力、负性情绪以及感知到的组织差错反感氛围方面均不存在显著差异；未婚的工人比已婚的工人感知到的组织差错反感氛围更强，在其他变量方面差异不显著；不同学历的工人在工作压力、感知到的组织反感氛围以及不安全行为方面有显著的差异，而在负性情绪方面差异不显著；不同工龄工人在工作压力和不安全行为以及感知到的组织差错反感氛围方面存在显著差异，而在负性情绪方面不存在显著差异。

(3) 通过 SPSS22.0 相关分析可知，工作压力、组织差错反感氛围、负性情绪及不安全行为两两之间均显著相关；负性情绪对工作压力与不安全行为之间的关系起中介作用；采用分层回归分析方法，进行交互效应检验，交互效应的回归系数 $\beta = -0.084$，$p = 0.093$，说明组织差错反感氛围对负性情绪与不安全行为之间的关系具有一定的调节作用。进一步通过斜率分析发现，组织差错反感氛围调节水平较低的员工产生的负性情绪与不安全行为之间的关系更大；将样本按照组织差错反感氛围调节水平的高低将样本分为高调节组和低调节组，分别检验高低样本中，负性情绪对工作压力与不安全行为之间的关系起中介作用。研究发现，在高调节组，负性情绪没有在工作压力与不安全行为之间表现出中介效应。

第6章 基于心率变异性的煤矿工人工作压力识别研究

前文通过煤矿工人工作压力的传播仿真实验和工作压力对煤矿工人不安全行为的跨层次实证研究，可以明确煤矿工人工作压力对不安全行为有着重要的影响，而如何判断煤矿工人工作压力的实时情况，如何对煤矿工人工作压力进行有效干预是非常现实且重要的议题。

本章通过心率变异性(信号)这一重要的生理学指标，实现对煤矿工人工作压力的有效识别，并提出有针对性的煤矿工人工作压力干预对策，为如何有效缓解煤矿工人工作压力这一问题给出相关建议。

采用量表进行工作压力测量，量表的信度和效度得到了国内外相关研究学者的科学验证，在工作压力研究中得到了广泛的应用。但是，由于国内外社会环境的不同，直接采用国外量表往往会出现水土不服的问题，在中国使用国外量表进行测量的过程中会出现一定的偏差。同时，在采用心理压力量表进行工作压力测量时，相关学者发现荷尔蒙也是测量工作压力的有效标识，但是荷尔蒙的提取需要侵入被试体内，这种方法的使用受到了很大的限制。不论是主观测量的工作压力问卷还是要侵入测量的荷尔蒙方法都有着自身的局限性，这就启发人们在研究中继续开发更加方便、对人体损伤性更小的工作压力测量手段。

HRV 作为一种非侵入性的客观生理数据，在工人工作压力测量方面，其作用越来越受到人们的重视。本章在对目前的心理压力识别技术进行简单介绍的基础上，通过 HRV 这一生理指标，设计有效的煤矿工人工作压力识别方法，以期基于 HRV 的煤矿工人工作压力识别方法，对煤矿工人工作当中的实时工作压力进行有效识别。

6.1 基于心率变异性的煤矿工人工作压力识别实验

心率变异性可以定量地反映煤矿工人自主神经系统的紧张情况，通过对 HRV 参数的分析，就能够精确统计出煤矿工人工作压力水平。HRV 信号的测量单位是 μs，一般通过相关数学方法(如傅里叶变换、小波分析等)对 HRV 信号进行分析以取得相关信息[196]。

近年来，大量的研究已充分肯定了人体的压力状态能够经自主神经活动反映出来。本章对实时采集的人体原始心电信号进行信号处理，在接收终端上实时记录并识别煤矿工人工作压力状态下的 HRV 参数。

本章根据 HRV 分析检测原理进行实验，分析自主神经系统的交感神经与副交感神经相互作用的平衡程度和平衡能力，实时检测自主神经系统的状态和活性，以及 HRV 参数与精神压力的关系；在压力诱发实验中客观分析煤矿工人的压力状态，同时在接收终端显示测试结果并存储相关数据，以便使用者查看煤矿工人最近的压力状况，帮助煤矿工人及时缓解压力。

6.2 实验目的与实验假设

1. 实验目的

通过对工作压力影响因素的分析，本章采用工作压力诱发实验方法来研究煤矿工人在工作繁忙过程中 HRV 的变化规律；以 HRV 作为应激水平的评价指标，通过煤矿工人工作压力诱发实验，分析煤矿工人工作压力变化和 HRV 特征值变化的规律，并利用相关统计方法进行基于 HRV 生理信号的煤矿工人工作压力识别。

2. 实验假设

T. Föhr 等(2015)[197]采用主观量表测量与客观心理信号测量的方法进行个体压力弹性与恢复时间的研究，同时也研究了性别、年龄在压力恢复过程中的一系列作用。Jandackova 等(2015)[198]研究了城市工人在找寻工作过程中所产生的持续性的压力对心率变异性的一定的弱化作用，原因是压力有可能会干扰心脏自主神经的调节。Borchini 等(2014)[199]研究了从事护士这一职业的人自身工作压力和 HRV 之间的关系，研究结果表明，持续性的工作压力会降低 HRV

时域参数，支持工作压力与心血管疾病之间有密切的联系这一假设。Parker、Laurie 等[200](2014)通过模拟工作的实验方法进行研究，得出不同的(高、中、低)难度的工作任务对 HRV、情感反应都有一定的影响这一结论。Karhula、Henelius 等(2014)[201]研究了护士在值班过程中其工作压力与 HRV 的关系，研究发现护士工作压力在高、低两个水平与 HRV 参数(HR、HF、LF、LF/HF、RMSSD)存在显著关联。

因此，我们提出以下研究假设：

假设 6-1　煤矿工人工作压力对 HRV 生理信号有显著的影响。

6.3　实验设计与实施

在进行实验之前，要对被试(煤矿工人)进行量表测量，通过这种定性的方法对煤矿工人的工作压力状态进行初步判断。

在工作压力诱发实验结束之后，还要对进行完实验的对象进行一次量表测量。这次测量的目的是检测工作压力诱发实验中的各因子是否有效引发了被试煤矿工人的工作压力，本次测量结果可以为筛选有效实验被试起到一定的作用。

6.3.1　实验被试与主试

被试均为有煤矿工作经历、工龄在 3 年以上的煤矿工人和相关一线工作人员，包括 1 名综采队队长、2 名班组长和其他相关工作人员，共 15 名被试。这些煤矿工人主要是年轻人，年龄最小的 20 岁，最大的 39 岁，也都通过了单位的年度体检，身体健康。在煤矿工人工作压力诱发实验之前，必须与煤矿工人进行充分交流。同时实验的主试也就是本次实验的操作者也要能够掌控实验全局，处理实验中出现的突发事件，并熟练操作相关实验设备。

6.3.2　煤矿工人工作压力实验方案设计

在工作压力测量中，现有两种工作压力采集方式：第一种是真实数据采集，如机动车辆操作人员的工作压力采集、售后服务工作人员的工作压力采集等，这种采集方式难度相对较大；第二种是在工作压力诱发实验中进行压力测试采集，这在实验心理学领域应用得非常普遍，也是主要采用的一种方式。而在压力诱发方面，可采用特里尔社会应激测试[202]范式(通过数学运算、公开表演等方式)或者俄罗斯方块游戏(或弹射球游戏)，这两者都能够达到实验效果，并在实验心理学领域已经得到了充分验证。

本研究结合以上思路来设计实验方案，在实验室条件下尽可能模拟工作中面临的真实压力，如长期疲劳、工作环境单调、罚款压力较重、工作环境昏暗等问题，用以诱发被试的心理压力。

采用某品牌心电记录仪(见图 6.1)进行实验心电信号的采集。某品牌心电记录仪仅手掌大小，携带方便，是新一代高质量动态心电监护设备。通过使用本仪器，可以对与人体单导联的心电信号进行记录、检测、存储与回放。心电记录仪相关参数如表 6.1 所示。

图 6.1　心电记录仪

表 6.1　心电记录仪相关参数

性能指标	数　值
信号带宽	0.05～150 Hz(可调)
采样率	100/200/400 Hz(可调)
输入信号动态范围	>100 dB
共模抑制比	>100 dB
模数转换器分辨率	24 位
系统噪声	<10 μV(MRS)
重量	80 g

心电记录仪主要器件包括壳体和电路板，主要外观功能区包括显示屏、指示灯、导航键、电池盖、TF 卡槽、皮肤接触板以及导联线插口，如图 6.2 所示。

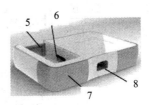

1—显示屏；2—指示灯；3—导航键；4—电池盖；

5—电池槽；6—TF 卡槽；7—皮肤接触板；8—导联线插口

图 6.2　心电记录仪外观功能区结构图

本实验的实验时间小于 1 h，所以采用心电记录仪的事件模式进行测量，具体方式为：按下导航键开始事件模式(默认方式为：V5 导联，通过导联线连接)，在短时(<1 h)内连续进行心电记录和储存。

实验测量前用酒精、生理盐水擦拭与电极接触的皮肤，以保证皮肤与电极有良好接触；测量过程中使被试保持均匀呼吸和放松状态，避免肌肉紧张带来不必要的干扰；测量过程中，心电记录仪应远离大型设备和电源，以避免工频干扰和极化电压干扰，影响测量结果；如果使用皮肤接触板进行测量，被试需四肢放松保持安静坐卧姿。

连接方法采用胸部连接方法(V1 导联：左皮肤接触板侧边接触 C1 位置，右皮肤接触板接触右手食指皮肤；V3 导联：左皮肤接触板侧边接触 C3 位置，右皮肤接触板接触右手食指皮肤；V5 导联：左皮肤接触板侧边接触 C5 位置，右皮肤接触板接触右手食指皮肤)。各个连接点如图 6.3 所示。

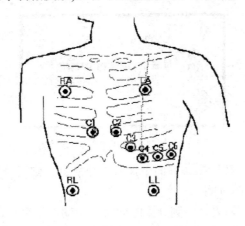

图 6.3　导联线连接法中的连接点

导联线连接测试中，联合使用导联线和心电电极片，心电电极片采集心电信号，得到稳定的、可靠的心电信号记录。该心电记录仪提供事件监测、实时监测和动态记录三种模式。V5 导联示意图如图 6.4 所示。

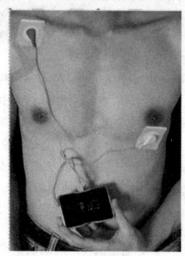

图 6.4　V5 导联示意图

事件模式下的测量步骤如下：

开机后拨动导航键，选择事件模式后，将进入待采集界面，如图 6.5 所示。按下导航键开始测量。实际采集时间与设置的采集时间一致时采集将自动停止，设置的采集时间为 1~7 min，共 7 档可选。此模式下系统自动保存采集的心电数据至 TF 卡，无须用户手动保存。

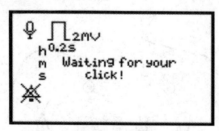

图 6.5　事件模式下的待采集界面

(1) 开始采集：在待采集界面下，按下导航键，则开始采集。在显示屏的左边显示开始采集的时间。

(2) 停止采集：采集时间到预设时间时则自动停止采集，进入待采集状态；在采集过程中手动按下导航键，则停止采集，也可进入待采集状态。电池电量低时，仪器会提示并自动退出采集。

(3) 退出采集：在采集过程中或待采集状态下，长按导航键退出采集。

6.3.3　实验流程

煤矿工人工作压力诱发实验流程如图 6.6 所示。

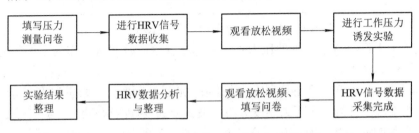

图 6.6　煤矿工人工作压力诱发实验流程图

(1) 填写被试煤矿工人信息。首先需要登记作为实验被试的煤矿工人的个人信息，如工人的年龄、工龄、婚姻情况等，并且签署煤矿工人工作压力诱发实验同意书。

(2) 实验量表填写。首先引导被试煤矿工人在测量环境中适应 3 min 左右，然后请被试按照实验要求，完成问卷的填写。对于煤矿工人不清楚的题项，由实验操作人员给予解释。

(3) 进行工作压力诱发实验。

研究表明，工作场所噪声过大、空间压抑，这会使煤矿工人形成一定的压力[203]。为了有较好的实验效果，煤矿工人工作压力诱发实验采用煤矿生产现场录音、视频等作为压力刺激实验环境。实验在晚上黑暗环境中进行，并且要求被试在白天不能休息，模仿井下作业的长时间和连续性。

在煤矿安全生产的持续性噪声背景下，按照实验指示对煤矿工人进行相关实验。本部分实验内容设定为安全生产知识能力测评，实验中通过实验显示屏进行测评题目的播放，给煤矿工人 4 min 时间进行知识记忆，最后 30 s 进行答题提示，试图引发煤矿工人的压力感。

同时，通过安全惩罚词汇的滚动显示诱发煤矿工人的负性情绪，进一步调动其工作压力。开始阶段的数据标记为 3，作为正常状态的数据；而在后期工作压力诱发实验过程中的实验数据标记为 4，作为高压力状态的数据。具体刺激方法如表 6.2 所示。

表 6.2　安全能力测试实验流程

刺激源	时长/min	作用
舒缓音乐	1	放松被试
安全能力测试	3	诱发压力
安全操作判断	3	诱发压力
舒缓音乐	1	放松被试

第三次进行测试实验时，生产操作指示变化速度已经变得非常快，做实验的煤矿工人已经有了很强的压力感，所以选择这段时间数据作为工作压力数据，标记为样本 2。

测试内容难度等级由易到难逐渐变化，通过控制题目的数量和难度等级进行分级实验，分为 7 个压力难度等级。被试分别进行两次实验，第一次进行 1 至 5 级别的低难度压力诱发实验，第二次进行 7 至 10 级别的高难度压力诱发实验。每组的两位被试进行实验前，心电波形监测应处于稳定状态下。

6.4　数据采集与分析

本研究中，数据的采集与分析采用 ECG Viewer 软件进行，ECG Viewer 软件是一款用于查看微型心电记录仪所记录的心电图和其他心电信息的软件。本研究主要使用该软件对记录的心电波形进行测量，计算出 QRS 波群的幅度以及间期，并且对波群和输出结果进行记录。

6.4.1　被试数据采集

进行实验数据的收集时，尽量模拟现场环境，从声音、亮度、温度等方面给煤矿工人以刺激，实验中应尽量避免外界干扰，同时提示煤矿工人尽量集中精力，保证实验的顺利进行。

在实验结束后，对收集到的 ECG 信号进行 R 波提取，本研究采用基于 Hilbert 变换的 R 波提取方法[205]，该方法不需要人工分析，对于一些较为紊乱的 ECG 信号也能进行有效的 R 波提取。

进行某煤矿工人(董某某)工作压力诱发实验后，ECG Viewer 软件的数据分析界面如图 6.7 所示，ECG Viewer 界面的最上端显示 ECG 文件的路径和名称。

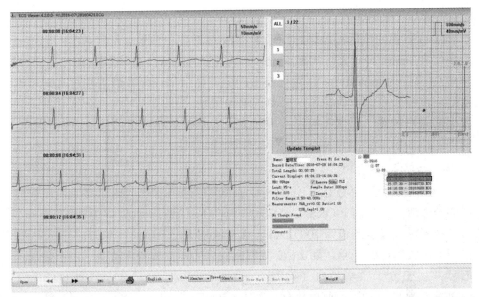

图 6.7　董某某工作压力诱发实验 ECG 数据分析中的 ECG Viewer 界面

首先我们来看 ECG Viewer 软件界面中的 ECG 数据回放区，如图 6.8 所示。ECG 数据回放区的作用是回放采集到的煤矿工人在不同的实验刺激下的心电数据。

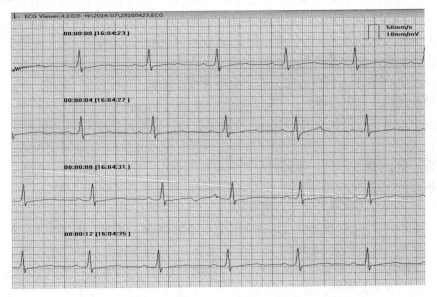

图 6.8　董某某工作压力诱发实验 ECG 数据回放区

1. ECG 数据回放

ECG 数据回放区可以同时显示 4 行 ECG 波形。波形显示区域的网格每一小格代表 1 mm，每一大格代表 5 mm。区域右上方的标尺表示走速(单位为 mm/s)和增益(单位为 mm/mV)。在每行波形的上方显示了该段波形的相对时间和绝对时间，便于定位和查找某一时刻的心电波形。窗口中间的滑动条可以调节波形的垂直位置，以便在波形幅度较大或者基线漂移严重的情况下查看心电波形。

2. P-QRS-T 分析

如图 6.9 所示，P-QRS-T 分析区显示的波形是当前 P-QRS-T 类别的所有波形的叠加放大，当前 P-QRS-T 类别的波形在 ECG 数据回放区(图 6.9 右下角)。右上角的标尺表示走速为 100 mm/s，该走速是固定不变的；其增益是 ECG 数据回放区的增益的 4 倍，随 ECG 数据回放区的增益改变而改变。左上角显示的分数值中分子表示当前 P-QRS-T 类别的个数，分母表示当前页的所有 P-QRS-T 总个数，当当前页只有一个 P-QRS-T 类别时，分子与分母一致。用户可以通过 P-QRS-T 分析区左边的 P-QRS-T 类别选择条进行波形类别切换，当前选中类别的波形在 ECG 回放区用蓝色显示。

在 P-QRS-T 分析区的右下方坐标中显示的是 R-R 间期离散图。坐标系中每一个散点由 3 个 R 波和 2 个 R-R 间期决定(前 1 个 R-R 间期为横坐标，后 1 个 R-R 间期为纵坐标)。R-R 间期离散图能反映相邻 R-R 间期的随机离散程度。密集分布或排列整齐，则说明心律规律，窦房结控制心律较好；R-R 间期离散图变得离散，说明被测者可能有心脏病。

在 P-QRS-T 分析区左下方有"更新模板(Update Templet)"按钮，可以进行模板波形的设置和更新。进行该操作需要插入 MicroECG 自带的 TF 卡，模板波形信息将会保存至 TF 卡中。设置完成后，当前模板波形(图 6.9 右上角)将会显示在分析区，当用户打开与模板波形有相同参数(导联及采集方式的设置都一致)的新波形时，模板波形就会重叠显示在分析区，便于用户将新波形与模板波形进行比对。注意：模板波形与导联和采集方式的设置有关，不同的导联和采集方式需要设置不同的模板。

若用户在 ECG 数据回放区选中任意一个 P-QRS-T 波形，P-QRS-T 分析区会切换为当前选中的 P-QRS-T 波形的放大显示，此时不再显示 P-QRS-T 类型及心率离散度坐标，无法设置波形模板。单击鼠标右键，可以重新切换到 P-QRS-T 类型及心率离散度坐标显示。

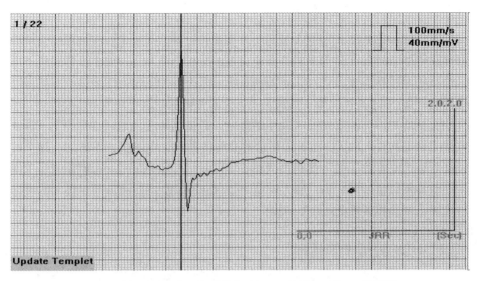

图 6.9　董某某工作压力诱发实验 ECG 数据 P-QRS-T 分析区

3. ECG 信息记录

ECG 信息记录界面如图 6.10 所示。首先在 Name 栏记录被试姓名，在 Record Date/Time 栏记录本次实验开始采集的日期和时间；在 Total Length 栏

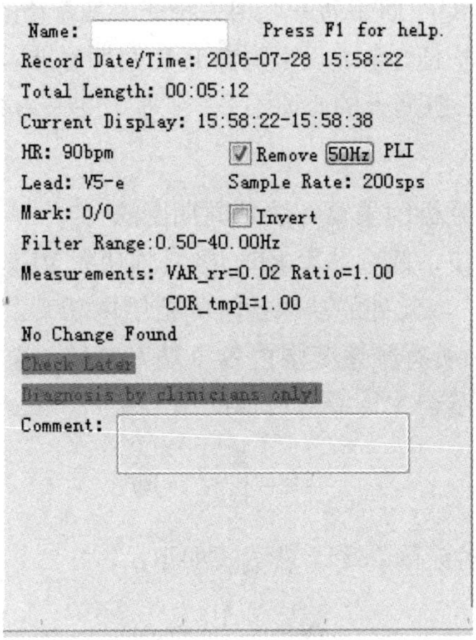

图 6.10　煤矿工人董某某工作压力诱发实验 ECG 数据记录界面

记录文件采集的持续时间长度；在 Current Display 栏记录当前界面显示页的时间范围；Sample Rate 指示这个波形文件采集时设置的采样率；在 HR 栏记录根据现在所显示的页计算出来的心率值；Lead 是在使用 MicroECG 设备采集心电时选择的导联和连接方式；Filter Range 指示在使用 MicroECG 采集心电信号时设置的带宽；PLI 是指工频干扰滤波器，大部分情况下这个功能不需要用到，所有滤波器均对波形的真实性有微小的影响，但是当所在的测试环境恶劣，存在大量工频干扰时，ECG Viewer 显示的波形线条粗、有锯齿、不清晰，这个时候就可以选中去除工频干扰选项(Remove PLI)；在 Measurements 栏记录了 R-R 间期变异系数值(VAR_rr)、最大能量比值(Ratio)以及当前波形的主类平均波形与模板之间的相关系数(COR_tmpl)。

6.4.2 HRV 分析中的指标

HRV 分析的实质是对个体因神经性紧张造成的心脏心率细微变化作一个定量评价，分析过程中主要用到时域、频域和非线性等方法[206, 208]。在煤矿工人工作压力识别实验中主要使用频域指标对煤矿工人工作压力进行检验。

1. 时域分析

时域分析可对 R-R 间期序列进行相关统计，其统计的主要代表性指标有全部正常窦性 R-R 间期均值、全部正常窦性 R-R 间期标准差(SDNN)、三角形指数等，时域分析在统计心脏病人的心律不齐、心肌功能受损等情况方面应用较多。

2. 频域分析

本研究中，频域分析的主要方法是周期图法[209, 210]，主要参数指标包括总功率 TP、高频功率 HF、低频功率 LF、极低频功率 VLF 以及低频功率与高频功率之比 LF/HF 等[211]，此处的功率指时间范围内功率。

(1) 总功率 TP：所有频率范围内各个功率分量的总和，是自主神经系统的整体活性状态，表示自主神经对机体的调节能力。其表达式为

$$TP = \int_0^{0.4} P(k)\mathrm{d}f \tag{6.1}$$

其中，$P(k)$ 为频率所对应的功率，表达式如下：

$$P(k) = \frac{1}{N}\left|X(k)\right|^2 \tag{6.2}$$

(2) 高频功率 HF：主要体现迷走神经的活性，和个体的呼吸有一定的联系，在个体呼吸缓慢或者变深的时候有一定的变化。其表达式为

$$HF = \int_{0.14}^{0.4} P(k)\mathrm{d}f \qquad (6.3)$$

(3) 低频功率 LF：自主神经系统的主要传输神经，通过交感神经的活性进行检验，表达式为

$$LF = \int_{0.04}^{0.14} P(k)\mathrm{d}f \qquad (6.4)$$

(4) 极低频功率 VLF：体现了交感神经的扩张能力，与人体温度调节系统密切相关，与人体心血管和激素也有一定的关系，表达式为

$$VLF = \int_{0.003}^{0.04} P(k)\mathrm{d}f \qquad (6.5)$$

(5) 低频功率与高频功率之比 LF/HF：反映自主神经系统交感神经和迷走神经的均衡度。

3. 非线性分析

非线性分析是指在相关数理理论的基础上进行的分析，主要分析方法有幂律分析、熵分析、Poincare 散点图等方法。非线性分析的指导思想是混沌理论。

本研究运用 ECG Viewer 软件分析煤矿工人工作压力识别实验中提取的各个被试个体在实验过程中的频域特征值，结合实验流程的各个阶段所设计的要求客观分析各项指标对煤矿工人自主神经系统的影响，最终确定煤矿工人在不同实验阶段的工作压力状态。

6.5　实验结论与分析

煤矿工人工作压力诱发实验的数据结果如表 6.3 所示，煤矿工人 HRV 参数变化情况如图 6.11、图 6.12、图 6.13、图 6.14 所示。从图中可以看出，在不同工作压力诱发情景下煤矿工人心率变异性的 5 个参数都出现了明显的波动规律：随着压力的不断增加，SDNN、LF、LF/HF 和 TP 的值有着明显的上升，HF 反而降低，其他参数变化不明显。

当被试的压力在 5 级难度以下时，也就是在低压力情况下，煤矿工人的状态比较好，基本上没有压力感。当被试的压力在 5 级难度以上时，被测者会感受到明显的压力，特别是在高级别如 9 级以上，被测者会明显出现不安、躁动等负性情绪，问卷测评结果表明煤矿工人的工作压力分值较大。

表 6.3　煤矿工人压力诱发数据结果(部分)

样本	TP/ms^2		LF/ms^2		HF/ms^2		LF/HF		SDNN/ms	
	实验前	实验后	实验前	实验后	实验前	实验后	实验前	实验后	实验前	实验后
1	2198	3437	684	1300	1300	700	0.53	1.85	145	173
2	2203	3236	692	1420	1323	762	0.52	2.07	148	160
3	2131	3207	784	1400	1351	775	0.58	2.44	150	180
4	2103	3953	546	1396	1253	784	0.43	1.85	152	176
5	2107	3317	726	1325	1363	812	0.53	1.23	149	175
6	2198	3753	756	1479	1357	793	0.56	1.86	142	181
7	2109	3395	683	1327	1391	771	0.49	1.72	153	177
8	2298	3329	763	1331	1273	798	0.60	1.67	143	177
…	…	…	…	…	…	…	…	…	…	…

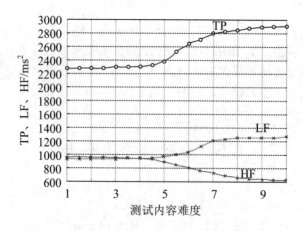

图 6.11　煤矿工人工作压力诱发实验中 TP、LF、HF 随测试内容难度的变化趋势

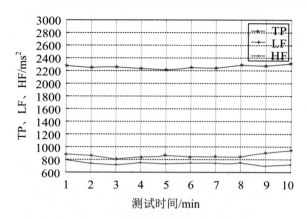

图 6.12　煤矿工人工作压力诱发实验中 TP、LF、HF 随时间的变化趋势

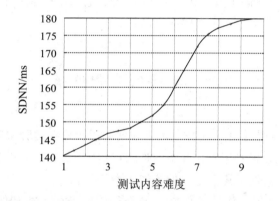

图 6.13　煤矿工人工作压力诱发实验中 SDNN 随测试内容难度的变化趋势

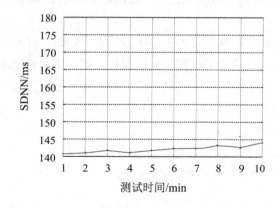

图 6.14　煤矿工人工作压力诱发实验中 SDNN 随时间的变化趋势

通过煤矿工人工作压力诱发实验的实施与数据分析，从煤矿工人的自我评价量表得分和使用相关软件对时域、频域等特征值进行分析整理与处理得到的结果，可以初步对煤矿工人工作压力进行有效的识别：在高工作压力状态下，LF 曲线、TP 曲线、SDNN 曲线、LF/HF 曲线的斜率有明显的增加，HF 曲线的斜率有明显的减小。

因此，我们可以根据多次实验结果，将相应压力状态下的 HRV 各项特征值指标作为煤矿工人工作压力识别的警示信号。

本节主要通过设计煤矿工人工作压力诱发与监测实验，监测煤矿工人在高工作压力状态和低工作压力状态下的 HRV 各项特征值指标，并对心率变异性各项指标进行计算和分析，从而对煤矿工人的工作压力状态进行有效识别和预警，有针对性地对煤矿工人工作压力进行干预，有效维护煤矿工人的身心健康，因此这项工作有着深远而广阔的应用前景。

6.6 实验的应用价值

基于 HRV 的煤矿工人工作压力诱发实验过程均在实验室环境下进行，尽量在实验室中构建煤矿工人在井下面临的真实环境，并采取科学的压力诱发方法，保证能够有效诱发煤矿工人的工作压力。

HRV 作为近年来应用价值较高的无创生理指标，在其他很多行业中也得到了应用，譬如司机疲劳驾驶监测、运动员竞技状态监测、飞行员状态监测等。

在进行基于 HRV 的煤矿工人工作压力诱发实验的基础上，可以通过实验数据和结论设计基于 HRV 的煤矿工人工作压力识别监测系统。该系统主要包括煤矿工人 HRV 信号采集装置、煤矿工人 HRV 信号分析程序、煤矿工人 HRV 信号传输程序、煤矿工人 HRV 识别报警模块，各个程序共同组成了煤矿工人工作压力预警的有效完整反馈回路。

通过系统开发可以有效监测煤矿工人的工作压力状态，及时预警，为更有效地进行煤矿工人工作压力干预提供科学依据。

本 章 小 结

　　本章以煤矿工人在工作压力诱发实验下的 HRV 生理信号为研究对象，提出了基于 HRV 生理信号的煤矿工人工作压力识别方法。

　　首先，通过对 HRV 信号含义和相关理论的梳理、分析得出结论：HRV 信号可以作为有效识别煤矿工人工作压力大小的标志性指标，并提出基于 HRV 信号的煤矿工人工作压力诱发实验的理论依据。

　　其次，进行基于 HRV 信号的煤矿工人工作压力诱发实验，实时且连续地采集人体的 HRV 心电信号，对压力情境下诱发出来的煤矿工人 HRV 信号进行分析识别，以便对煤矿工人个体的工作压力状况进行评估，从而对整个身体的运作机能监测提供一个可靠性的指标。

第7章 基于行为导向的煤矿工人工作压力干预对策研究

上一章深入研究了煤矿工人工作压力传播机制及其对煤矿工人不安全行为的影响，进行了基于 HRV 信号的煤矿工人工作压力识别实验，本章将对煤矿工人工作压力的管理提出有针对性的干预对策，以便真正对煤矿工人工作压力实现从根源、过程一直到表现的全程管理。

7.1 煤矿工人工作压力干预中的"案例概念化"干预方法

在对煤矿工人工作压力进行干预的既往研究中，往往出现过于技术化的倾向，也就是往往遵循精神健康领域的标准干预流程，而不是根据煤矿工人的实际情况进行有针对性干预。我们在针对煤矿工人工作压力进行有效干预时借鉴相关领域案例研究与管理的方法，采用煤矿工人工作压力"案例概念化"的干预方法，而不是传统的精神科方式的技术性干预。

美国哈佛大学创造性地使用了案例研究范式，通过案例能够有效地将实际情况与理论结合，能够让参与者感受到与真实环境接近的案例情景。在案例研究过程中，并不存在某一种固定模式，即不存在案例概念化的单一干预对策，每一种基于行为的煤矿工人工作压力方法都会形成自己比较特殊的"案例概念化模型"。比如，传统的一般工作压力干预方法会强调压力来源的作用、压力应对以及有关的调节变量，这些传统的方法在已有干预技术的基础上往往强调核心压力源(如自信训练的方法往往强调关于思维功能的信念强化，自我奖赏训练往往将自身情绪向积极情绪引导)，但是对行为在其中的反向影响作用强调不足。

下文举例说明如何将一个传统的精神干预案例转化为进行工作压力"案例概念化"的示例，同时也能更加直观地理解"概念化"如何起作用。

访谈案例："我经常感觉工作非常辛苦非常累，工作环境很压抑。"

案例概念化分析：作为煤矿工人，长期从事地下采煤工作，自己面临的往往是比较危险的境地，并且上下井都需要很长时间，还要开班前会、班后会，往往处于疲惫状态，经常感觉自己很疲惫，一直很担心自己的身体出问题。

最终导致感觉工作环境给自己的压力非常大。

访谈案例："总是感觉钱不够花。"

案例概念化分析：家庭情况不是特别好，父母年龄已经很大了，兄弟姐妹有四五个，大部分和他一样都是从事体力劳动，收入不高、也不稳定，有三个孩子，妻子在家照顾孩子，也没有办法找到合适的工作，大的上高中了，最小的还在上小学。

最终导致经济压力非常大。

访谈案例："单位规章总是在变，非常不适应，有时会非常紧张。"

案例概念化分析：由于单位在不断改革，导致各项政策不完善，存在很多朝令夕改的情况，基层员工的处罚和奖励政策一直变化很大，企业员工也有很多怨言。

导致员工在遵守企业组织制度方面往往有很大的压力。

通过案例概念化分析我们可以明确某工人在工作中的具体压力，如对于企业制度方面的怀疑和焦虑、家庭负担的沉重、工作环境的压抑和工作时间过长的困扰，以便通过分析来帮助某工人确定所面临的问题。

这种直观的案例概念化方法将工人面临的一系列工作压力全面、完整且直观地反映了出来，对我们通过行为技术(自信训练、活动计划)等方法进行煤矿工人工作压力干预是非常有帮助的。

7.2 煤矿工人工作压力干预流程

经过相关部门的识别与评估，若煤矿工人本人认同其自身工作压力过大，需要干预，则开始正式实施干预计划中的各项具体流程。干预时间长短因工人所处的压力级别的不同而不同，具体时间如表 7.1 所示。

表 7.1　煤矿工人工作压力干预周期表

压力级别	1级	2级	3级	4级	5级	6级
干预时间长度	3天	1周	3～4周	6周	8周	9周

　　在有针对性地进行完煤矿工人工作压力干预之后，相关管理部门会对干预效果进行评估。进而根据评估结果，决定是否对煤矿工人进行进一步干预。

　　在干预的过程中要遵循可操作性、科学性和实效性三大原则，煤矿工人工作压力干预对策流程图是在长期研究的基础上形成的，在具体的干预工作中，因人地不同可以作适当变通，流程图如图 7.1 所示。

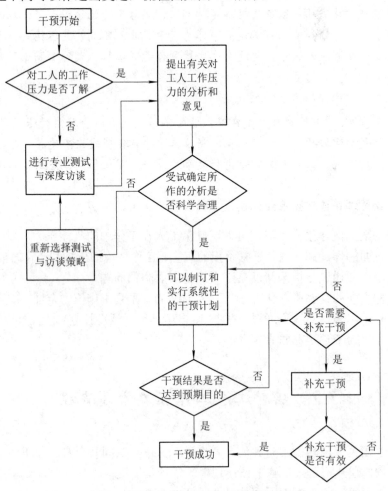

图 7.1　煤矿工人工作压力干预方法流程图

在正式的干预流程中，简单的干预报告和干预计划对煤矿工人而言是非常重要的，因为简单，所以实施的难度才小，煤矿工人才有耐性进行配合。在此，我们提供一个简单的煤矿工人工作压力干预实施表(见表7.2)。

表 7.2　干预方案实施表

干预目标	干预方案	干预方法	干预周期	干预效果
有效降低 工人压力	基于行为技术的 干预方案	积极行为干预法	6 周	良好

煤矿工人干预计划实例：

姓名：毛某某

性别：男

年龄：36

工作压力等级：4 级

计划执行日期：2016 年 7 月 1 日至 2016 年 8 月 15 日

干预目标：在 6 周的干预周期内将工人的压力从 4 级降低到 1 级

7.3　基于行为的煤矿工人工作压力干预策略

7.3.1　积极行为激励策略

积极行为激励策略的目标是提高工人在工作中获得奖赏的频率，这些奖赏可能来自企业或班组内部的奖赏，如领导对其工作的鼓励或者工作中的成就感；也可能来自外部，如周围社会对其工作的支持和理解。一系列积极行为激励策略有助于改善煤矿工人的负性情绪，使工人的注意力集中在有积极效果的活动上而避免压力的干扰。

积极行为激励策略的实施主要有三个步骤：① 监测并识别煤矿工人工作压力状态；② 制订积极行为激励计划；③ 实施积极行为激励计划。

在刚开始实施这项活动时，可能大部分工人感觉意义不大，完成起来难度比较大，这时可以采用分阶段的方法来进行，从易到难实施。

(1) 监测并识别煤矿工人工作压力状态。在煤矿工人的日常工作中，要求班组长在工作中观察煤矿工人的行为态度，定期根据量表和基于心率变异性的煤矿工人工作压力识别方法，有效筛选出有工作压力的工人；让工人对自己面临的问题进行详细梳理，以便确定其工作压力的状态等级。

(2) 制订积极行为激励计划。在与工人充分沟通的基础上，选择相应的时间安排积极行为激励计划。可以事先拟定激励清单，让工人采取匿名打分的方法评价他们从这类型的活动中得到的放松感和愉悦感的大小。

(3) 实施积极行为激励计划。根据上述评分情况，干预部门和相关人员按照相关安排，有针对性地根据不同员工的不同需求进行相关的积极行为激励活动，并且随时观察和记录他们在工作中的实际感受。可以反复实行相关的积极行为激励活动。

7.3.2　社交能力提升策略

煤矿工人面临的诸多压力大多来自周围的人，包括上级、同事和家人。这些煤矿工人在面临周围人的压力时，若不善于或者疏于沟通，会导致工作压力的聚集和积累。因而提升自身沟通能力有助于进一步化解和释放工作压力。

一般情况下，沟通能力的提升主要从两方面着手，一方面是提升煤矿工人与周围的同事和朋友交流沟通的能力，另一方面是提升煤矿工人的倾听能力。

1) 锻炼"说"的技巧

在日常工作中，工人打交道最多的是自己的工友、家人和领导。在日常的沟通交流过程中，煤矿工人应尽量使用第一人称，也就是"我"这个词，比如说到工作忙，就给家人说"我最近感觉工作太忙了，连陪你们的时间都没有了，感觉好累啊！"，第一人称的句子让人感觉态度比较真挚，也能较清楚地表明说话者的感受，而第二人称往往给人颐指气使的感觉，如"没时间，你们自己去玩吧！"，这种语气往往会把压力与情绪带给其他人，让整体的氛围越来越差。

说话者也应该通过积极的沟通技巧和语言表达来提升听者的愉悦感，即使是在说一些批评意见时也要注意技巧，比如说"我知道你压力大，但是活还是要好好干的，否则出了问题，这一个月的安全奖不就全都没了。"

在给周围的人提出一些意见或建议时，尽量具体点，不要语焉不详、似是而非的，比如"领导，这个月的工作确实有点忙，是否给矿上反映一下，多给发点超产奖金，大家干活也有干劲。"而不是说"领导，咱们这太忙了，你看咋弄啊！能给点实惠的不。"这种似是而非的语言尽量少用，可能往往起不到应有的作用，反而让自己感到憋屈。

2) 提升"听"的效果

在日常的工作生活中，既要有效掌握说的技巧，也要有听的能力。倾听不仅仅是单纯地听周围人说话的内容，更重要的是在听的过程中与周围的人产生一定的互动，也就是说听者要真正明白听到的全部信息，而说话的人也能感受到说的话全部被理解了。

在听的过程中要把握以下几个原则：

首先是要关注。也就是我们日常所说的认真听，无论是和工友、家人聊天，还是给领导汇报工作，一定要和说话者面对面，保持能够进行眼神交流的距离，而且尽量用肢体语言表示你在认真听，而不是心不在焉、一味应付。

其次要及时沟通。对自己不太明确的地方要及时沟通，或者用自己的话向说话者重复自己刚刚听到的内容，并进一步确认意思理解是否准确到位，避免出现理解偏差。

再次要照顾说话者的情绪。对说话者的情绪和感受要表示一定的理解，在照顾情绪的基础上要进一步肯定说话者的诉求。

最后要进一步沟通。询问看是否有自己能够帮助或者需要一起做的，这样才算有始有终的谈话倾听过程。

在倾听过程中，最大的忌讳就是不停地打断说话者，因为这样往往会给说话者很大的打击，认为自己说话不重要，没办法把自己内心深处的想法说出来，而听者也无法明白说话者的真实诉求，导致沟通最后达不到应有的效果。

在沟通能力不断提高的过程中，工人面临的工作压力能通过有效的沟通让周围的人感知到，这样才能得到周围的人的及时帮助和干预；同时在工作过程中倾听到周围工作压力大的同事或者领导传递来的有关工作压力方面的信息时，也能有效地提供力所能及的帮助。

7.3.3　压力注意转移策略

压力注意转移策略的目的是暂时截断煤矿工人的工作压力或者对工作压力事件的专注。工作压力或者压力事件往往会让工人感到倦怠和焦虑，当煤矿工人的压力达到一定级别以至于煤矿工人无法采用其他方式来解决的时候，可以采用转移注意的方式暂时缓解一下工作压力的影响。

压力注意转移策略是一种及时、有效的工作压力缓解方法，不过其具有临时性和暂时性的特点，最终工作压力的缓解还是要通过其他技术手段实现。

任何可以吸引煤矿工人注意力的活动都可以用来进行煤矿工人工作压力注意转移，应当鼓励煤矿工人从事可以转移注意力的事情，如打一场球、看看电影、上上网、与朋友聚餐等娱乐活动，以及一些常规活动，如做饭、搞卫生，不过这些常规活动有时可能作用不明显。

在日常的工作中，当有煤矿工人需要进行压力注意转移时，可能会发现还是有压力不断影响自己的情绪、睡眠和工作状态，这时候就需要干预人员持续帮助其将精力转移到其他活动上，最终完全实现压力注意转移。这个过程需要专业人员的意见和工作压力负荷过大的煤矿工人的配合。

通过压力注意转移的干预方法能够有效缓解工作压力造成的持续性困扰，能够给在紧张枯燥环境中工作的煤矿工人一些缓解自身压力和情绪的空间和时间。因此，在煤矿日常压力干预中，要积极营造能够让煤矿工人进行压力注意转移的机会和条件，如建设煤矿工人俱乐部、开展各项文艺活动、经常组织煤矿工人旅游、做好煤矿工人轮流疗养工作等。

7.3.4　压力"面对面"策略

直面工作压力是解决煤矿工人工作压力的最重要办法，这是因为工作压力是因自己对困难的过分担心和焦虑形成的，如对自己收入的担心、对晋升渠道不足的担心、对工作环境的烦心等。

而工作压力"面对面"的意义在于让煤矿工人主动面对这些工作中存在的压力，直到煤矿工人面对这些压力时不再敏感，这个过程也就是我们常说的经过高原反应之后的"压力适应"。

在采用压力"面对面"这个干预策略时，有两个方法，一个是真实情景面对面，另一个是想象干预。

运用"真实情景面对面"方法时，需要塑造更加真实的压力环境，如果有条件最好使用现场技术，这也就是说在现场的工作环境中进行压力干预，如向领导汇报工作的环境、家庭环境等，在"面对面"干预过程中，工作人员可以陪同工作压力过大的人员进行现场干预。

而有时候在压力"面对面"场景中进行工作压力干预是无法进行的，一方面，存在压力事件已经发生或由于自身内在的情绪等造成压力的场景；另一方面，个别工人由于过于压抑而无法进行现场"面对面"的压力干预活动，如由于"工伤事故"造成工人过于压抑的情况，这时候可让工人采用想象的方式，即"想象干预"方法，引发这些压力的内部刺激。

在进行想象干预的过程中，尽量让工人针对压力事件进行详细叙述，想象压力场景(如安全生产事故场景)，工作压力干预人员会询问被干预对象想到了什么、感觉如何、情绪怎么样，通过这种方法使工作压力场景化、视觉化。除了这种方法之外，还可以采用自我陈述或者自己写作的方法来进行压力干预。

7.3.5　压力问题逐个击破策略

面对工作压力带来的各种烦恼和问题时，首先我们要明确问题，进而解决问题，最终帮助受到压力困扰的工人从压力中解脱出来。压力问题逐个击破策略的实施步骤如下：

(1) 发现压力问题。

(2) 确定压力问题解决方法。

(3) 评估压力问题解决方法。

(4) 执行方法。

(5) 评价结果。

7.3.6　自我奖励策略

许多工作压力过大的煤矿工人往往是因为不能够正视和奖赏自身的积极行为，不懂得放松身心，不会经常奖励自己。这导致工作中缺乏干劲、动力不足、情绪低落、思想负担过重，最终产生很严重的工作压力。

应当让煤矿工人明白，经常给予自身一定的正向激励是非常重要的。自我奖励的步骤如下：

(1) 列出奖励清单。工作压力干预人员和煤矿工人共同协商，列出一个可能的奖励清单，如去 KTV 唱歌、吃一顿大餐、买一部新手机或者一件新衣服等；对于更大的进步也可以采用更新颖的奖励方式，如外出旅游。

(2) 设置奖励标准。在压力干预过程中，要鼓励煤矿工人奖赏自己以克服自身存在的各类压力问题，其奖励标准就是在克服工作压力干扰过程中取得阶段性成果，不一定非要完全克服工作压力所带来的困扰，只需要有所进步就可以进行奖励。所以煤矿工人完全可以在面对压力后，心情稍微平复一点的时候就给予自己正向的激励，如去 KTV 唱歌；当自己完全不受工作压力困扰的时候，煤矿工人可以给自己更大的激励，如购买一部最新的手机等。

(3) 进行奖励。进行奖励这一步最关键的在于让煤矿工人及时记录自己的心态变化和相关的奖励。鼓励煤矿工人在完成了缓解自身工作压力的任务之后，及时回顾自身压力的变化曲线，在今后的工作中能结合工作进行有效的自我调适。

7.4 基于环境的煤矿工人工作压力管理策略

7.4.1 工作现场环境管理策略

在日常工作中，现场环境对工作压力的影响是非常大的，从在地面上准备开班前会到下井走到工作面，煤矿工人都在不断与周围的环境相互接触，特别是在井下环境中。因为工人每天大部分时间都在井下工作，所以要特别注意井下存在的一些照明、噪声、取暖、通风等问题，具体表现就是：井下粉尘大，缺乏阳光，往往光线不足；而大型采掘设备在运转过程中往往产生巨大的噪声，对人影响也非常大；同时，井下也面临过于潮湿、通风量有限、空气不够新鲜等问题，这些对工人的影响都非常大。

煤矿工人工作压力往往来自周围杂乱的环境、巨大的噪声、昏暗的井下照明以及周围工作环境中的安全隐患。针对煤矿行业的这些问题，可以借鉴生产与制造行业的 6S 管理法，以塑造一个清爽、明朗、洁净的工作场所为目的，以提升人的行为品质、企业品牌形象为目标，尽量营造出一个安全、健康的工作环境，使得人、物、场所都处在最佳状态。这不仅有助于煤矿工人缓解工作压力，提升工作效率，还有助于形成良好的企业安全生产氛围。

6S 现场管理是一种对生产现场进行精益管理的活动，其主要管理手段就是通过 6 个 S 即"整理(Seiri)、整顿(Seiton)、清扫(Seiso)、清洁(Seiketsu)、素养(Shisuke)、安全(Security)" 6 大模块进行。6S 管理目标清晰，效果显著，可操作性强。

6S 现场管理是一项投资最少、原理最简单的管理模式，能以较低的成本获得较高的煤矿企业工作效率和煤矿企业安全管理水平。

安全人因学、安全管理科学等提供的科学方法和系统方法对工作的环境的设计也有重要的启发。对于安全隐患，要及时排查与更新；对于光线不足的环境，要及时补充灯光照明；对于工人长期工作量过大、劳累过度的情况，应该设计科学合理的机器操作界面。

7.4.2 工作心理环境管理策略

对工作现场环境的不断改善只是工作压力管理的第一步，第二步就是对煤矿工人整体的工作心理环境(健康状况)的持续提升，这个观点也被不断贯彻到煤矿的安全管理工作当中，各个煤矿生产企业也越来越重视工人的心理健康情况。

在工作的时候，工人之间的沟通氛围是非常重要的：工人与工人之间、工人与上级之间的沟通在企业的不断引导之下，变得更加和谐和友善，工人与工人能够真诚相待，工人与上级之间能够礼貌坦诚交流，这一整体氛围对煤矿工人个体身心健康的影响是非常大的。

环境的污染可以靠治理得到有效的改善，而煤矿工人身心健康被污染之后要靠有效的干预措施来及时消除，不论是错误的价值观还是满腹的牢骚，都需要单位及时关注、及时干预，有效帮助工人适应工作、直面生活的挑战，而不是抑郁成疾。

在煤矿安全生产之余，煤矿工人也要善于自我调整，多参与文体活动，培养自己的业余爱好，主动排解自己的工作压力。而单位管理层要关注员工的工作压力波动情况，根据员工不同的问题，进行有针对性的工作压力干预：在全面掌握工人工作压力变化周期的基础上，建立煤矿工人工作压力管理系统，全程监控在职工人工作压力变化情况，为煤矿工人工作压力管理的科学化、常态化打好基础。

本 章 小 结

本章提出基于行为技术分析的煤矿工人工作压力干预对策，为有效干预与缓解煤矿工人工作压力提供建议。

首先，在前文对煤矿工人工作压力结构、传播规律及其对煤矿工人工作压力影响机制进行系统研究的前提下，在煤矿工人工作压力识别实验的基础上提出了煤矿工人工作压力的"案例概念化"干预方法，并给出了明确的煤矿工人工作压力干预方法流程，从而为有效地实施煤矿工人工作压力管控和干预做好前期准备工作。

其次，提出有效的基于行为导向的煤矿工人工作压力干预对策，包括积极行为激励、社交能力提升、压力注意转移、压力"面对面"、压力问题逐个击破、自我奖励，以及基于环境的煤矿工人工作压力管理策略有效缓解煤矿工人在工作过程中面临的压力。

第8章 结论与展望

8.1 主 要 结 论

本书针对煤矿工人在实际工作中面临的压力困扰问题，运用扎根理论、NetLogo 压力传播仿真软件、SPSS22.0、Mplus7.4 多水平模型分析软件、心理变异性(HRV)分析技术等，在确定煤矿工人工作压力概念及结构维度的基础上，进行了煤矿工人工作压力传播仿真实验研究，构建了煤矿工人工作压力对不安全行为影响的跨层次概念模型并进行了实证检验，在进行基于 HRV 技术的煤矿工人工作压力识别实验研究的基础上提出了煤矿工人工作压力干预对策。主要得出以下结论。

(1) 煤矿工人工作压力构成较为复杂。通过扎根理论研究方法与实证检验，确定了煤矿工人的工作压力的 6 项维度，包括工作环境压力、岗位责任压力、人际关系压力、职业发展压力、家庭环境压力、组织体制压力。

(2) 煤矿工人工作压力是指煤矿工人与煤矿相对单调和恶劣的工作环境长期相互作用的过程中，对煤矿工人生产工作状态造成负面影响的各类因素相互叠加并作用在煤矿工人身上，致使煤矿工人产生的一种压迫感。这种感受经常性地伴随煤矿工人的工作过程而持续的存在。

(3) 在煤矿工人压力传播过程中，煤矿工人工作压力状态分为 4 种，包括易传播压力状态、主动传播压力状态、被动传播压力状态和压力传播免疫状态，并提出了基于熟人免疫策略的煤矿工人工作压力传播干预方法，并通过计算机仿真方法验证了煤矿工人安全生产过程中产生的工作压力能够通过熟人免疫策略得到有效干预，其效果明显要好于随机干预的效果，并结合中国情境下"熟人社会"行为逻辑进行了"熟人免疫策略"的分析与论证。

(4) 构建了煤矿工人工作压力对不安全行为的跨层次影响模型，运用SPSS22.0、Mplus7.4 多水平模型对该跨层次影响模型进行了实证检验，检验结果表明煤矿工人工作压力与不安全行为之间呈显著正相关关系,并采用分层回归方法验证了负性情绪在工作压力和煤矿工人不安全行为之间的中介效应,以及组织差错反感氛围在负性情绪和不安全行为之间的调节效应,以及负性情绪和组织差错反感氛围在工作压力与不安全行为之间的有调节的中介作用。

(5) 应用相关生理信号识别技术进行了基于 HRV 的煤矿工人工作压力实验研究,通过压力诱发实验,对煤矿工人在面临工作压力时的心理变异性信号进行了有效识别,提出了基于 HRV 煤矿工人工作压力识别方法,在此基础上提出了有针对性的煤矿工人工作压力干预策略。

8.2 创 新 点

本书的主要创新点如下:

(1) 界定了煤矿工人工作压力的概念并分析了煤矿工人工作压力的维度结构。基于扎根理论方法确定了煤矿工人工作压力的 6 个维度,分别是工作环境压力、岗位责任压力、人际关系压力、职业发展压力、家庭环境压力、组织体制压力。

本研究对煤矿工人工作压力作了细致的定义:煤矿工人工作压力是指煤矿工人与煤矿相对单调和恶劣的工作环境长期相互作用过程中,对煤矿工人生产工作状态造成负面影响的各类因素相互叠加,使煤矿工人产生的一种心理层面的压迫感,这种感受经常性地伴随着煤矿工人工作过程而持续的存在。

(2) 构建了煤矿工人工作压力传播模型,揭示了煤矿工人工作压力传播机制。研究表明,煤矿工人工作压力传播模型中煤矿工人自身压力状态分为易传播压力状态、主动传播压力状态、被动传播压力状态和压力传播免疫状态 4 种;工作压力积极传播率 λ_1 的提高能够显著影响煤矿工人工作网络中工作压力积极传播者的最大数量;煤矿工人工作压力转移率 γ 对煤矿工人工作压力的传播有显著影响,这为煤矿工人工作压力干预对策制定提供了依据,丰富了煤矿安全心理学理论。

(3) 提出了基于熟人免疫的煤矿工人工作压力传播干预方法。提出了基于熟人免疫策略的煤矿工人工作压力传播干预方法,根据"熟人社会"情境下的煤矿工人工作压力传播特点,通过对工作压力传播网络中煤矿工人周围的、大家身边熟悉的个体的工作压力的干预来有效提升在"熟人社会"交往逻辑下煤矿工人工作压力干预的有效性,这为有效进行煤矿工人工作压力干预提供了新的视角，丰富了煤矿安全管理干预的方法。

(4) 构建了煤矿工人工作压力对不安全行为影响的跨层次影响模型，探讨了煤矿工人工作压力与不安全行为之间的影响作用机制。模型检验结果表明，工作压力与煤矿工人不安全行为之间呈显著正相关关系，负性情绪在工作压力和煤矿工人不安全行为之间有一定的中介效应，组织差错反感氛围在负性情绪和不安全行为之间有调节效应，负性情绪和组织差错反感氛围在工作压力与不安全行为之间起到一定的有调节性的中介作用，深化了煤矿行为安全学对不安全行为发生机理和管理对策的认识。

8.3 展　望

本书主要对煤矿工人的工作压力概念、结构及其对不安全行为影响的机制进行了研究，由于时间和其他条件所限，后续有待在以下方面进一步加强研究。

(1) 由于时间和地区限制，本研究所调研煤矿的样本有限，样本代表性有限，在后续研究中需要进一步扩大研究样本，使研究能够更好地反映煤矿工人这一特殊群体的实际情况。

(2) 煤矿工人工作压力的管理和干预是一个长期过程，引入各种仿真与实验技术，进一步从多学科视角研究煤矿工人工作压力的管理和干预方法，有利于煤矿企业安全管理和干预能力的提升，以满足国家和社会对煤矿企业安全生产的更高要求。

参 考 文 献

[1] 蒋军成. 事故调查与分析[M]. 北京：化学工业出版社，2004, 15.

[2] MILLER R L, GRIFFIN M A, HART P M. Personality and organizational health: The role of conscientiousness[J]. Work & Stress, 1999, 13(1):7-19.

[3] BROWN R L, HOLMES H. The use of a factor-analytic procedure for assessing the validity of an employee safety climate model[J]. Accident Analysis & Prevention, 1986, 18(6):455-470.

[4] HOFMANN. Stezer the role of safety climate and communication in accident interpretation: implications for learning from negative events[J]. Academy of management journal, 1998, 141(6):644-657.

[5] GERARD J, FOGARTY, SHAW A. Safety climate and the theory of planned behavior: Towards the prediction of unsafe behavior[A]. Proceedings of the 5th Australian Industrial and Organizational Psychology Conference[C]. Melbourne, 2003, 26-29.

[6] SONNENTAG S, FRITZ C. Recovery from job stress: The stressor-detachment model as an integrative framework[J]. Journal of Organizational Behavior,2014, 36(S1):72-103.

[7] SMITHIKRAI, CHU CH. Relationship of cultural values to counterproductive work behaviour: The mediating role of job stress[J]. Asian Journal of Social Psychology, 2014, 17(1):36-43.

[8] CHENG Y, CHENG R N. Job stress and job satisfaction among new graduate nurses during the first year of employment in Taiwan[J]. International Journal of Nursing Practice, 2015, 21(4):410-418.

[9] ZHANG F R J. Job stressors, organizational innovation climate, and employees' innovative behavior[J]. Creativity Research Journal, 2015, 27(1):16-23.

[10] POCNET C, ANTONIETTI J P, MASSOUDI K, et al. Influence of individual characteristics on work engagement and job stress in a sample of national and foreign workers in Switzerland[J]. Swiss Journal of Psychology, 2015, 74(1):17-28.

[11] 舒晓兵，廖建桥. 工作压力与工作效率理论研究述评[J]. 南开商业评论，2002, 6(3):20-23.

[12] 曾垂凯，时勘. 工作压力与员工心理健康的实证研究[J]. 人类工效学，2008, 14(4):33-37.

[13] 田水承，郭彬彬，李树砖. 煤矿井下作业人员的工作压力个体因素与不安全行为的关系[J]. 煤矿安全. 2011, 12(9):189-192.

[14] 郭彬彬. 煤矿人的不安全行为的影响因素研究[D]. 西安：西安科技大学，2011.

[15] 李芳薇，袁震宇，李永娟. 工作环境压力源对煤矿工人反生产行为和安全的影响[J]. 中国安全科学学报，2012, 22(6):20-26.

[16] LAZARUS R S, LAUNIER R. Perspectives in interactional psychology: Stress-related Transactions between person and environment[M]. New York: Springer US, 1978:287-327.

[17] FRED L. Can participant observers reliably measure leader behavior[C]. Proceedings-Annual Meeting of the American Institute for Decision Sciences, 1982, 2(5):420.

[18] QUICK J C, QUICK J D. Organizational stress and preventive management[M]. New York: McGraw-Hill, 40(40):808-816, 1984.

[19] SUMMERS T P, DECOTIIS T A, DENISI A S. A Field study of some antecedents and consequences of felt job stress[J]. In CRANDALL R and Perrewe P L(Eds.) Occupational Stress: A Handbook,1995,4(7): 113-128.

[20] MUNZ D C, KOHLER J M, GREENBERG C I. Effectiveness of a comprehensive worksite stress management: combining organizational and Individual interventions[J]. International Journal of Stress Management, 2001, 8(1):49-60.

[21] 徐长江. 工作压力系统：机制、应付与管理[J]. 浙江师范大学学报：社会科学版，1999, 9(5):69-73.

[22] 李中海，廖建桥. 现代企业中的工作压力管理[J]. 工业工程, 2001, 4(1):11-15.

[23] 许小东，孟晓斌. 工作压力：应对与管理[M]. 北京：航空工业出版社，2004:6-16.

[24] 呼昱君. 企业员工工作压力、情绪智力与周边绩效的关系研究[D]. 成都：西南财经大学，2012.

[25] 武芸. 昆明机场安检站员工工作压力管理策略研究[D]. 昆明：云南师范大学，2014.

[26] 蒋政达. 中国海洋石油工人工作压力与职业倦怠的关系研究[D]. 武汉：华中师范大学，2015.

[27] 樊春燕. 浙江小学班主任工作压力的访谈研究[J]. 亚太教育，2016, 12(1):24+19.

[28] 温九玲，钟沙沙，任智，等. 工作压力的心理学探讨[J]. 科学，2017, 8(1):41-44.

[29] KAHN R L, WOLFE D M, QUINN R P, et al. Organizational stress: studies in role conflict and ambiguity[J]. American Journal of Sociology, 1965, 71(11):47-49.

[30] WEISS S, BAKER G S, DAS GUPTA R D. Vibrational residual stress relief in a plain carbon steel weldment [J]. Welding Journal,1976, 55(2): 47-51.

[31] COOPER C L, MARSHALL J. Understanding executive stress [J]. Macmillan Press, London,1978,19(7): 471-475.

[32] IVANCEVICH J M, MATTESON M T. Stress and work: a managerial perspective[J]. Personnel Psychology, 1980, 23.

[33] HENDRIX W H, STEEL R P, LEAP T L, et al. Development of a stress-related health promotion model:antecedents and organizational effectiveness outcomes[J]. Journal of Social Behavior & Personality, 1991, 6(7):141-162.

[34] SANTARELLI L，RAPISARDA V, FAGO L, et al. Relation between psychosomatic disturbances and job stress in video display unit operators[J]. Work, 2019, 64(3):1-8.

[35] JAREDIC B, HINIC D, STANOJEVIC D, et al. Affective temperament, social support and stressors at work as the predictors of life and job satisfaction among doctors and psychologists[J]. Vojnosanitetski Pregled, 2016:181-183.

[36] JONES M D, SLITER M, SINCLAIR R R. Overload, and cutbacks, and freezes, Oh My! The Relative Effects of the Recession-Related Stressors on Employee Strain and Job Satisfaction[J]. Stress & Health, 2016, 32(5): 629-635.

[37] MILNER A, NIEDHAMMER I, CHASTANG J F, et al. Validity of a job-exposure matrix for psychosocial job Stressors: results from the household income and labour dynamics in Australia survey[J]. Plos One, 2016, 11(4): 152-158.

[38] LEUNG M Y, LIANG Q, OLOMOLAIYE P. Impact of job stressors and stress on the safety behavior and accidents of construction workers[J]. Journal of Management in Engineering, 2016, 32(1):04015019.

[39] 许小东. 现代组织中的工作压力及其管理[J]. 中国劳动，1999, 18(9):

33-35.

[40] 马可一. 工作情景中认知资源与职业锚关系的研究[J]. 浙江大学学报人文社会科学版，2000, 30(6):21.

[41] 舒晓兵. 管理人员工作压力源及其影响：国有企业与私营企业的比较[J]. 统计研究，2005, 8(9):29-35.

[42] 陈志霞，廖建桥. 知识员工工作压力源的主成分因素结构分析[J]. 工业工程与管理，2005, 10(4):26-30.

[43] 方雄，田俊. 科技人员工作应激的影响因素[J]. 现代预防医学，2005, 32(2):121-123.

[44] 程志超，刘丽丹. IT 从业员工工作压力因素分析[J]. 北京航空航天大学学报，2006, 19(2):17-19.

[45] 黄跃辉. 企业员工工作压力源分析及压力管理应对策略[J]. 佛山科学技术学院学报，2010, 28(3):76-81.

[46] 汤毅晖. 管理人员工作压力源、控制感、应对方式与心理健康的关系研究[D]. 南昌：江西师范大学，2004.

[47] 张西超，杨六琴，徐晓锋，等. 负性情绪在工作压力作用中机制的研究[J]. 心理科学，2006, 29(4):967-969.

[48] 弋敏. 知识型员工工作压力实证研究[D]. 西安：西安理工大学，2007.

[49] 田水承，郭彬彬，李树砖. 煤矿井下作业人员的工作压力个体因素与不安全行为的关系[J]. 煤矿安全. 2011, 42(9):189-192.

[50] RIGBY L.The nature of human error[C]. In: Annual technical conference Transactions of the ASQC, Milwaukee, 1970.

[51] SWAIN A D, GUTTMANN H E. Handbook of human-reliability analysis with emphasis on nuclear power plant applications[R]. 1983, NUREG/CR-1:278.

[52] REASON J. Human Error[M]. Cambridge: Cambridge University Press, 1990: 2-35.

[53] SENDERS J, MORAY N. Human Error: Cause, Prediction, and Reduction[M]. New Jersey Lawrence Erlbaum Associates, 1991.

[54] CARAYON P, WOODR E. Patient safety: the role of human factors and systems engineering[J]. Stud Health Technol Inform, 2010, 153:23-46.

[55] 张力，王以群，邓志良. 复杂人-机系统中的人因失误[J]. 中国安全科学学报, 1996, 6(12):35-38.

[56] 周刚，程卫民，诸葛福民，等. 人因失误与人不安全行为相关原理的分

析与探讨[J]. 中国安全科学学报, 2008, 18(3):10-14.

[57] 曹庆仁，宋学锋. 不安全行为研究的难点及方法[J]. 中国煤炭，2006, 32(11):62-63.

[58] 三隅二不二. 事故预防心理学[M]. 金会庆，译. 上海：上海交通大学出版社，1993:16-23.

[59] 郑莹. 煤矿员工不安全行为的心理因素分析及对策研究[D]. 石家庄：河北理工大学，2008.

[60] 李凯. 煤矿员工不安全行为产生的机理及其控制途径研究[J]. 经营管理，2011, 26(11):48-50.

[61] SIU O, PHILIPS D, LEUNG T. Age differences in safety attitudes and safety performance in Hong Kong construction workers[J]. Journal of Safety Research, 2003, 34(2):199-205.

[62] VINOD KUMAR M N, BHASI M. Safety management practices and safety behaviour: Assessing the mediating role of safety knowledge and motivation[J]. Accident Analysis and Prevention, 2010, 42(6):2082-2093.

[63] 李乃文，毛寅. 关于矿工工作倦怠的分析与对策研究[J]. 煤炭企业管理，2005, 6(4):63-64.

[64] 傅贵，李宣东. 事故的共性原因及其行为科学预防策略[J]. 安全与环境学报，2005, 5(1):80-83.

[65] 毛喆. 基于驾驶员生理特征分析的驾驶疲劳状态识别方法研究[D]. 武汉：武汉理工大学，2006.

[66] 郑莹. 煤矿员工不安全行为的心理因素分析及对策研究[D]. 唐山：河北理工大学，2008.

[67] 毕作枝，祖海芹. 煤矿员工不安全心理及其影响[J]. 矿业工程研究，2009, 24(3):74-78.

[68] 涂翠红，黄伟. 煤矿事故中人的不安全行为分析[J]. 陕西煤炭, 2010, 29(6): 59-61.

[69] 李乃文，牛莉霞. 矿工工作倦怠、不安全心理与不安全行为的结构模型[J]. 心理卫生评估, 2010, 24(3):236-240.

[70] 杜镇，李文辉. 个体心理因素对不安全行为的影响探析[J]. 技术与市场，201112(5):217-219.

[71] 陈沅江，洪涛，张羚. 矿井作业人员不安全行为发生机理研究[J]. 煤矿安全，2016, 47(11):238-240.

[72] 梁振东. 组织及环境因素对员工不安全行为影响的 SEM 研究[J]. 中国安全科学学报，2012, 22(11):16-22.

[73] 阴东玲，陈兆波，曾建潮，等. 煤矿作业人员不安全行为的影响因素分析[J]. 中国安全科学学报，2015, 25(12):151-156.

[74] 谢长震. 矿工群体不安全行为影响因素研究[J]. 内蒙古煤炭经济，2016, 16(11):1-2.

[75] 何刚，余保华，朱艳娜，等. 基于网络结构模型的矿工不安全行为影响因素研究[J]. 煤矿安全，2017, 48(3):227-229+233.

[76] 徐国峰. 安全氛围感知对矿工不安全行为影响研究[J]. 中国安全生产科学技术，2014, 34(S1):170-174.

[77] 陈伟珂，孙蕊. 基于行为主义理论的地铁施工工人的不安全行为管理研究[J]. 工程管理学报，2014, 12(6):36-39.

[78] 陈冬博，栗继祖，冯国瑞，等. 煤矿井下作业人员沟通满意度与不安全行为关系研究[J]. 煤矿安全，2015, 46(3):218-221.

[79] OLIVER A, CHEYNE A, TOMS J M, COX S. The effects of organizational and individual factors on occupational accidents[J]. Journal of Occupational and Organizational Psychology, 2002, 75(4):473-488.

[80] VREDENBURGH A G. Organizational safety: which management practices are most effective in reducing employee injury rates?[J]. Journal of Safety Research, 2002, 33(2):259-276.

[81] YULE S, FLIN R, MURDY A. The role of management and safety climate in preventing risk-taking at work[J]. International Journal of Risk Assessment and Management, 2007, 7(2):137-151.

[82] WU T C, CHEN C H, LI C C. A correlation among safety leadership, safety climate and safety performance[J]. Journal of Loss Prevention in the Process Industries, 2008, 21(3):314-318.

[83] UEN J F, CHIEN M S, YEN Y F. The mediating effects of psychological contracts on the relationship between human resource systems and role behaviors: A multi-level analysis[J]. Journal of Business and Psychology, 2009, 24(2):215-233.

[84] KATH L M, MAGLEY V J, MARMET M. The role of organizational trust in safety climate's Influence on organizational outcomes[J]. Accident Analysis& Prevention, 2010, 42(5):1488-1497.

[85] 李华炜,周立新. 煤矿生产中不安全行为产生原因及控制措施[J]. 中国煤炭，2006, 22(4):64-65.

[86] 王力. 安全培训研究[D]. 北京：北京交通大学，2007:43.

[87] 刘更生，王爱华. 煤矿员工不安全行为产生的原因及对策[J]. 中州煤炭，2007, 13(6):113-128.

[88] 周波，朱云辉，谭芳敏. 煤矿职工的不安全行为控制及其重要性分析[J]. 价值工程, 2011, 14(2):97-99.

[89] 刘海滨，梁振东. 员工不安全行为意向的影响因子研究[J]. 中国安全科学学报，2011, 21(8):15-21.

[90] 安宇，张鸿莹，邵长宝. 矿工不安全行为预控模型的构建与研究[J]. 煤矿安全，2011, 6(10):153-157.

[91] 殷文韬，傅贵. 煤矿企业员工不安全行为影响因子分析研究[J]. 中国安全科学学报，2012, 22(11):150-155.

[92] 曹庆仁. 浅析煤矿员工不安全行为的影响因素[J]. 安全管理，2006, 33(6):80-82.

[93] 田水承，李英芹，邹涛，等. 浅析煤矿生产中人的不安全行为[J]. 陕西煤炭，2010(2):9-10+6.

[94] 田水承，李磊. 矿工不安全行为影响因素分析及控制对策[J]. 西安科技大学学报，2011, 31(6):794-798.

[95] MASLOW A H. The farther reaches of human nature[M]. New York: Penguin Books, 1976, 106-109.

[96] 马斯洛. 科学心理学[M]. 林方译. 昆明：云南人民出版社, 1988, 23.

[97] HERZBERG, MAUSNER B, SNYDERMAN B B. The motivation to work[M]. New York: John Wiley, 1959-1966.

[98] VICTOR H V, ARTHUR J, ENGLEWOOD C. The new leadership: managing participation in organizations[M]. New York: Prentice Hall, 1988:38.

[99] GREENWOOD M, WOODSH M.The incidence of industrial accidents upon individuals with special reference to multiple accidents[R]. Industrial Fatigue research Board, Medical Research Committee, Report No.4. Her Britannic Majesty's stationary Office, London, 1919:384-389.

[100] REASON J. Human error[M]. Cambridge: Cambridge University Press, 1990: 41-46.

[101] REASON J. Managing the risks of organizational accidents[M]. Vermont:

Ashgate Publishing, 1997:56-58.

[102] BREUER J, HÖFFER E M, HUMMITZSCH W. Rate of occupational accidents in the mining industry since 1950: a successful approach to prevention policy[J]. Journal of Safety Research, 2002, 33(1):129-141.

[103] 傅贵，李宣东，李军. 事故的共性原因及其行为科学预防策略[J]. 安全与环境学报，2005, 5(1):80-83.

[104] WU T C, CHEN C H, LI C C. A correlation among safety leadership, safety climate and safety performance[J]. J Loss Prevent Proc, 2008,21(3):307-318.

[105] KOSTER De M B M, STAM D, BALK B M. Accidents happen: The influence of safety-specific transformational leadership, safety consciousness, and hazard reducing systems on warehouse accidents[J]. Journal of Operations Management, 2011, 29(7-8):753-765.

[106] 曹庆仁. 管理者与员工在不安全行为控制认识上的差异研究[J]. 中国安全科学学报，2007, 1(17):22-28.

[107] 田水承，钟铭. 煤矿事故频发的组织人原因分析[J]. 矿业安全与环保，2009, 36(1):84-87.

[108] 刘超. 企业员工不安全行为影响因素分析及控制对策研究[D]. 武汉：中国地质大学，2010.

[109] ERICH R, EATON M, MAYES R, et al. The impact of environment and occupation on the health and safety of active duty air force members: database development and de-identification[J]. Military Medicine, 2016, 181(8):821-826.

[110] ZHOU Z E, MEIER L L, SPECTOR P E. The role of personality and job stressors in predicting counterproductive work behavior: a three-way interaction[J]. International Journal of Selection & Assessment, 2014, 22(3):286-296.

[111] OLIVER A, CHEYNE A, TOMAS J M, et al.The effects of organizational and individual factors on occupational accidents[J]. Journal of Occupational and Organizational psychology, 2002, 75(4):473-488.

[112] BAHAR O, TURKER O, TIMO L. An investigation of professional drivers: organizational safety climate, driver behaviors and performance[J]. Transportation research part F: Traffic Psychology and Behavior, 2013, 16(1):81-91.

[113] 郑磊磊. 能源行业一线员工工作压力、心理契约违背与不安全行为的关系[D]. 开封：河南大学，2016.

[114] 贾子若，杨书宏，宋守信. 安全绩效与工作压力、职业倦怠关系研究：以铁路机车司机为例[J]. 中国安全科学学报，2013, 23(6):145.

[115] 许小东，孟晓斌. 工作压力应对与管理[M]. 北京：航空工业出版社，2014, 69.

[116] AQUINO F D. Gravitation and electromagnetism: correlation and grand unification[J]. Medizinische Klinik, 1999, 46(1):34-35.

[117] SPECTOR P E, ZAPF D CHEN P Y, et al. A longitudinal study of relations between job stressors and job strains while controlling for prior negative affectivity and strains[J]. Journal of Applied Psychology, 2000, 85(2): 211-228.

[118] HOCKEY R. Skilled performance and mental workload[C]. In WARR P(Ed.). Psychology at work. London: Penguin, 1996: 13-39.

[119] HOLLENBECK J R, ILGEN D R, TUTTLE D B, et al. Team performance on monitoring tasks: An examination of decision errors in contexts requiring sustained attention[J]. Journal of Applied Psychology, 1995, 80(80):685-696.

[120] VAN DYCK C, FRESE M, BAER M, et al. Organizational error management culture and its impact on performance: a two-study replication[J]. Journal of Applied Psychology, 2005, 90(6):12-28.

[121] 杜鹏程，李敏. 差错反感文化对员工创新行为的影响机制研究[J]. 管理学报, 2015, 12(4):538-545.

[122] 叶旭春，刘朝杰，刘晓虹. 基于扎根理论的互动式患者参与患者安全理论框架构建的研究[J]. 中华护理杂志, 2014, 49(6):645-649.

[123] JANSSON I, PILHAMMAR E, FORSBERG A. Obtaining a Foundation for Nursing Care at the Time of Patient Admission: A Grounded Theory Study[J]. Open Nursing Journal, 2009, 3(1):56-64.

[124] 周学萍，刘均娥，岳鹏，等. 扎根理论资料分析方法在烧伤患者心理弹性研究过程中的应用[J]. 中国护理管理，2014, 14(10):1040-1044.

[125] HARDING E, BROWN D, HAYWARD M, et al. Service user perceptions of involvement in developing NICE mental health guidelines: a grounded theory study[J]. Journal of Mental Health, 2010, 19(3): 249-257.

[126] KERR N. Creating a protective picture:a grounded theory of RN decision making when using a charting-by-exception documentation system[J].

Medsurg Nurs. 2013, 22(2):110-118.

[127] BEAVER K. Chinese Elders' views on their interactions in general practice: a grounded theory study[J]. Ethnicity & Health, 2015, 20(2): 129-144.

[128] TAN A, MANCA D. Finding common ground to achieve a "good death": family physicians working with substitute decision-makers of dying patients: A qualitative grounded theory study[J]. BMC Family Practice, 2013, 14(1):14.

[129] DADGARAN S A, PARVIZY S, PEYROVI H. Passing through a rocky way to reach the pick of clinical competency: a grounded theory study on nursing students' clinical learning[J]. Iranian Journal of Nursing & Midwifery Research, 2012, 17(5):330-337.

[130] 李玲. 运用扎根理念研究方法进行护理素质需求的质性与量性的联合研究[J]. 岭南急诊医学杂志，2014, 19(5):427-728.

[131] ALDIABAT K M, CLINTON M. Understanding Jordanian psychiatric nurses' smoking behaviors: a grounded theory study[J]. Nursing Research & Practice, 2013, (1):370-828.

[132] 张婕，刘丹，陈向一，等. 扎根理论程序化版本在心理咨询培训研究中的应用[J]. 中国心理卫生杂志，2012, 26(9):648-652.

[133] 夏立明，王丝丝，张成宝. PPP 项目再谈判过程的影响因素内在逻辑研究：基于扎根理论[J]. 软科学，2017, 12(1):136-140.

[134] FRENCH J R P, CAPLAN R D. Organizational stress and individual strain.In Marrow A J(Eds.), The Failure of Success[M]. New York:AMACOM. 1972:30-66.

[135] KARASEK R A. Job demands, job decision latitude, and mental strain: Implications for job redesign[J]. Administrative Science Quarterly, 1979, 24: 285-308.

[136] LAZARUS R S, FOLKMAN S. Stress, appraisal and coping[M]. New York: Springer, 1984:52.

[137] 刘丹,殷亚文,宋明. 基于 SIR 模型的微博信息扩散规律仿真分析[J]. 北京邮电大学学报(社会科学版)，2014, 6(3):28-33.

[138] MORENO Y, NEKOVEE M, PACHECO A F. Dynamics of rumor spreading in complex networks[J]. Physical Review E Statistical Nonlinear & Soft Matter Physics, 2004, 69(2):66-130.

[139] LISTED N. Heart rate variability: standards of measurement, physiological

interpretation and clinical use[J]. Task Force of the European Society of Cardiology and the North American Society of Pacing and Electrophysiology, Circulation, 1996, 17(3):354-81.

[140] 卫世强，王东平，张三林，等. 心理应激对心率变异影响的研究[J]. 实用医药杂志, 2005, 22(9):807-809.

[141] CARNEY R M, BLUMENTHAL J A, STEIN P K, et al. Depression, heart rate variability, and acute myocardial infarction[J]. Circulation, 2001, 104(17): 2024-2028.

[142] CARNEY R M, BLUMENTHAL J A, FREEDLAND K E, et al. Low heart rate variability and the effect of depression on post: myocardial infarction mortality[J]. ACC Current Journal Review, 2005, 165(13):1486-1491.

[143] FELL J, MANN K, RÖSCHKE J, et al. Nonlinear analysis of continuous ECG during sleep II. Dynamical measures[J]. Biological Cybernetics, 2000, 82(6):485-491.

[144] TSAU Y, JIANG X L, YU Y, et al. A new approach to the diagnostic quality ambulatory ECG recordings[C]//IEEE International Conference on Information and Automation. IEEE, 2011:85-90.

[145] 石波，刘胜洋，陈建方，等. 自由活动状态下的连续心电记录[J]. 生物医学工程学杂志，2013, 14(2):296-300.

[146] SPECTOR P E, FOX S. The stressor-emotion model of counterproductive work behavior[M]. Washington: American Psychological Association, 2005: 29-31.

[147] 林玲，唐汉瑛，马红宇. 工作场所中的反生产行为及其心理机制[J]. 心理科学进展，2010, 18(1):151-161.

[148] FOX S, SPECTOR P E. Counterproductive work behavior: investigation of actors and targets[M]. Washington: Apa, 2005:37.

[149] LEUNG M Y, LIANG Q, OLOMOLAIYE P. Impact of job stressors and stress on the safety behavior and accidents of construction workers[J]. Journal of Management in Engineering, 2015, 32(1):15-19.

[150] OLIVER A, CHEYNE A, TOMAS J M, et al.The effects of organizational and individual factors on occupational accidents[J]. Journal of Occupational and Organizational Psychology, 2002, 75(4):473-488.

[151] SAMPSON J M, DEARMOND S, CHEN P Y. Role of safety stressors and

social support on safety performance[J]. Safety Science, 2014, 64(3):137-145.

[152] LU C S, KUO S Y. The effect of job stress on self-reported safety behaviour in container terminal operations: The moderating role of emotional intelligence[J]. Transportation Research Part F: Traffic Psychology and Behaviour, 2016, 37(9):10-26.

[153] SMITHIKRAI C. Relationship of cultural values to counterproductive work behaviour: The mediating role of job stress[J]. Asian Journal of Social Psychology, 2014, 17(1):36-43.

[154] ASHKANASY N M, AYOKO O B, JEHN K A. Understanding the physical environment of work and employee behavior: An affective events perspective[J]. Journal of Organizational Behavior, 2014, 35(8):1169-1184.

[155] CLARKE S. Safety climate in an automobile manufacturing plant: The effects of work environment, job communication and safety attitudes on accidents and unsafe behaviour[J]. Personnel Review, 2006, 35(4):413-430.

[156] FOLEY B, ENGELEN L, GALE J, et al. Sedentary behavior and musculo skeletal discomfort are reduced when office workers trial an activity-based work environment[J]. Journal of Occupational & Environmental Medicine, 2016, 58(9):1.

[157] MELNYK B M. Building cultures and environments that facilitate clinician behavior change to evidence-based practice: what works?[J]. Worldviews on Evidence-Based Nursing/Sigma Theta Tau International, Honor Society of Nursing, 2014, 11(2):79-80.

[158] 赵铁牛, 杨晓南, 王泓午. 医生工作压力、应对方式与人际关系敏感的关系研究[J]. 现代预防医学, 2012, 6(17):4431-4432.

[159] ANANTHARAMAN R N, RAJESWARI K S, ANGUSAMY A, et al. Role of Self-Efficacy and Collective Efficacy as Moderators of Occupational Stress Among Software Development Professionals[J]. International Journal of Human Capital and Information Technology Professionals (IJHCITP), 2017, 8(2):45-58.

[160] LEUNG M Y, BOWEN P, LIANG Q, et al. Development of a Job-Stress Model for Construction Professionals in South Africa and Hong Kong[J]. Journal of Construction Engineering & Management, 2014, 141(2):14-17.

[161] ALTERMAN T, LUCKHAUPT S E, DAHLHAMER J M, et al. Job insecurity,

work-family imbalance, and hostile work environment: Prevalence data from the 2010 National Health Interview Survey[J]. American Journal of Industrial medicine, 2013, 56(6):660-669.

[162] BOLES J S, JOHNSTON M W, HAIR JR J F. Role stress, work-family conflict and emotional exhaustion: Inter-relationships and effects on some work-related consequences[J]. Journal of Personal Selling & Sales Management, 1997, 17(1):17-28.

[163] GREENHAUS J H, BEUTELL N J. Sources of conflict between work and family roles[J]. Academy of Management Review, 1985, 10(1):76-88.

[164] BOLINO M C, TURNLEY W H. The personal costs of citizenship behavior: the relationship between individual initiative and role overload, job stress, and work-family conflict[J]. Journal of Applied Psychology, 2005, 90(4): 740-748.

[165] STEEL A, SILSON E H, STAGG C J, et al. The impact of reward and punishment on skill learning depends on task demands[J]. Scientific Reports, 2016, 6(10):36-56.

[166] PUHALLA A A, AMMERMAN B A, UYEJI L L, et al. Negative urgency and reward/punishment sensitivity in intermittent explosive disorder[J]. Journal of Affective Disorders, 2016, 201(9):8-14

[167] 陈红，王珂，祁慧等. 基于 ABMS 的煤矿不安全行为惩罚制度有效性仿真[J]. 数学的实践与认识，2014, 24(1):53-71.

[168] 祁慧，章大林，张静，等. 制度信任对矿工自主安全行为意愿的影响分析[J]. 中国矿业，2016, 12(10):14-17.

[169] PENNEY L M, SPECTOR P E. Job stress, incivility, and counterproductive work behavior(CWB): the moderating role of negative affectivity[J]. Journal of Organizational Behavior, 2005, 26(7):777-796.

[170] GREENIDGE D, COYNE I. Job stressors and voluntary work behaviors: mediating effect of emotion and moderating roles of personality and emotional intelligence[J]. Human Resource Management Journal, 2014, 24(4):479-495.

[171] AJZEN I . The theory of planned behavior[J]. Organizational Behavior and Human Decision Processes, 1991.

[172] 朱颖俊，白涛. 差错管理文化对组织绩效的影响：以组织创新为中介变量[J]. 科技进步与对策，2011, 28(16):1-4.

[173] 朱颖俊，裴宇. 差错管理文化、心理授权对员工创新行为的影响：创新效能感的调节效应[J]. 中国人力资源开发，2014, 9(17):23-29.

[174] 高晶. 差错取向与个体创新行为关系研究：基于团队性绩效考核中介视角[J]. 科技进步与对策，2013, 30(22):11-15.

[175] 杜鹏程，贾玉立，倪清. 差错能成为创新之源吗：基于差错管理文化对员工创造力影响的跨层次分析[J]. 科技管理研究，2015, 15(9):161-166.

[176] FRESE M, FAY D. Personal initiative: An active performance concept for work in the 21st century[J]. Research in Organizational Behavior, 2001, 23(2):133-187.

[177] 王叶毅，王重鸣. 影响访谈信度和效度因素的研究[J]. 人类工效学，1998, 9(1):25-68.

[178] STRAUSS A, CORBIN J. Grounded theory methodology: An overview[J]. Handbook of Qualitative Research. London:Sage Publications, 2000, 34(6):56.

[179] SELYE, H. Stress with out Distress[M]. New American Library, 1975:21.

[180] CHIRICO F. Job stress models for predicting burnout syndrome: a review[J]. Annali Dell'Istituto Superiore Di Sanita, 2016, 52(3):443-456.

[181] 叶新凤. 安全氛围对矿工安全行为影响：整合心理资本与工作压力的视角[D]. 北京：中国矿业大学，2014.

[182] 刘芬. 矿工工作压力与不安全行为关系研究[D]. 西安：西安科技大学，2014.

[183] 陈丽. 煤矿工人压力调查与分析[D]. 阜新：辽宁工程技术大学，2008.

[184] 李芳薇，袁震宇，李永娟. 工作环境压力源对煤矿工人反生产行为和安全的影响[J]. 中国安全科学学报，2012, (6):20-26.

[185] 王重鸣. 心理学研究方法[M]. 北京：人民教育出版社, 2001:34.

[186] 王德福. 论熟人社会的交往逻辑[J]. 云南师范大学学报(哲学社会科学版), 2013, 45(3):79-85.

[187] COOPER, SLOAN C L, WILLIAMS S. Occupational Stress Indicator: Management Guide[J]. Windsor: NFER-Nelson, 1988:32.

[188] WILLIAMS S, COOPER C L. Measuring occupational stress: Development of the Pressure Management Indicator[J]. Journal of Occupational Health Psychology, 1998, 3(4):306-321.

[189] 汤超颖，辛蕾. IT 企业员工工作压力与离职意向关系的实证研究[J]. 管理评论, 2007, 19(9):30-34.

[190] 舒晓兵. 管理人员工作压力源及其影响：国有企业与私营企业的比较[J]. 统计研究, 2005, 22(9):105-113.

[191] MOTOWIDLO S J, VAN SCOTTER J R. Evidence that task performance should be distinguished from contextual performance[J]. Journal of Applied Psychology, 1994, 79(4):475-480.

[192] Neal A, GRIFFIN M A. Developing a model to link organizational safety climate and individual behavior[C]. Paper presented to the 12th Annual Conference of the Society for Industrial and Organizational Psychology, St. Louis, MO.1997:41.

[193] WATSON D, CLARK L A, TELLEGAN A. The Positive and Negative Affect Schedule(PANAS Questionnaire)[Z]. 1988:52.

[194] 陈仙祺，童惠玲. 经验状态与公民行为之个人内在模式—人格特质之跨层次干扰效果[D]. 彰化县，大叶大学人力资源暨公共关系学系，2008.

[195] 温忠麟，叶宝娟. 中介效应分析：方法和模型发展[J]. 心理科学进展, 2014, 22(5):731-745.

[196] COSTIN R, ROTARIU C, PASARICA A. Mental stress detection using heart rate variability and morphologic variability of ECG signals[C]//International Conference and Exposition on Electrical and Power Engineering. 2012: 591-596.

[197] FÖHR T, TOLVANEN A, MYLLYMÄKI T, et al. Subjective stress, objective heart rate variability-based stress, and recovery on workdays among overweight and psychologically distressed individuals: a cross-sectional study[J]. Journal of Occupational Medicine and Toxicology, 2015, 10(1):39.

[198] JANDACKOVA V K, JACKOWSKA M. Low heart rate variability in unemployed men: The possible mediating effects of life satisfaction[J]. Psychology, Health & Medicine, 2015, 20(5):1-11.

[199] BORCHINI R, FERRARIO M M, VERONESI G, et al. Prolonged job strain reduces time-domain heart rate variability on both working and resting days among cardiovascular-susceptible nurses[J]. International Journal of Occupational Medicine & Environmental Health, 2014, 28(1): 1-10.

[200] PARKER S L, LAURIE K R, NEWTON C J, et al. Regulatory focus moderates the relationship between task control and physiological and psychological markers of stress: a work simulation study[J]. International

Journal of Psychophysiology Official Journal of the International Organization of Psychophysiology, 2014, 94(3):390-398.

[201] KARHULA K, HENELIUS A, HÄRMÄ M, et al. Job strain and vagal recovery during sleep in shift working health care professionals[J]. Chronobiology International, 2014, 31(10):1179-1189.

[202] 杨娟, 张庆林. 特里尔社会应激测试技术的介绍以及相关研究[J]. 心理科学进展, 2010, 18(4):699-704.

[203] 陈葵晞, 张一纯. 工作环境、工作压力与激励绩效关联性研究[J]. 产业与科技论坛, 2007, 12(3):120-121.

[204] HUANG N E, SHEN Z, LONG S R, et al. The empirical mode decomposition and the hilbert spectrum for nonlinear and non-stationary time series analysis[J]. Proceedings Mathematical Physical & Engineering Sciences, 1998, 454(1971):903-995.

[205] CHOURASIA V S, MITTRA A K. Wavelet-based denoising of fetal phonocardiographic signals[J]. International Journal of Medical Engineering & Informatics, 2010, 2(2):139-150.

[206] 王步青, 王卫东. 心率变异性分析方法的研究进展[J]. 北京生物医学工程, 2007, 26(5):551-554.

[207] 黄晓林. 心率变异性的分析方法研究[D]. 南京：南京大学, 2009:32-35.

[208] CHEN W, ZHUANG J, YU W, et al. Measuring complexity using Fuzzy En, ApEn, and SampEn.[J]. Medical Engineering & Physics, 2009, 31(1):61-68.

[209] XIE H B, HE W X, LIU H. Measuring time series regularity using nonlinear similarity-based sample entropy[J]. Physics Letters A, 2008, 372(48): 7140-7146.

[210] 李鹏, 刘澄玉. 多尺度多变量模糊熵分析[J]. 物理学报, 2013, 62(12):120.

[211] 李鹏, 刘常春. 一种 QRS 波群实时检测方法[J]. 生物物理学报, 2011, 27(3):222-230.